“十四五”高等职业教育计算机类新形态一体化系列教材

计算机视觉

——基于OpenCV的图像处理

宋桂岭◎主编

中国铁道出版社有限公司
CHINA RAILWAY PUBLISHING HOUSE CO., LTD.

内容简介

本书针对高等职业院校人工智能技术等专业教学要求，以实际项目为案例，以工程代码实现为主线，介绍利用OpenCV进行数字图像处理的基本方法，让读者对未来的人工智能工作场景有深刻的认知，从而让理论性强、内容抽象、算法较多的数字图像处理知识与岗位任务紧密融合。

本书分为四部分：第1部分为图像采集及操作实战，主要介绍OpenCV环境配置、数字图像基本操作相关内容；第2部分为图像增强实战，主要介绍数字滤波操作、图像亮度及对比度操作相关内容；第3部分为图像分析实战，主要介绍图像分割、目标检测和目标追踪相关内容；第4部分为机器学习实战，主要介绍文字识别、深度学习相关内容。

本书适合作为高等职业院校人工智能技术应用、计算机应用技术、工业机器人技术等专业教材，也可作为准备从事计算机视觉应用开发人员的参考书。

图书在版编目（CIP）数据

计算机视觉：基于OpenCV的图像处理/宋桂岭主编.—北京：中国铁道出版社有限公司，2024.2
"十四五"高等职业教育计算机类新形态一体化系列教材
ISBN 978-7-113-30980-0

Ⅰ.①计… Ⅱ.①宋… Ⅲ.①计算机视觉-高等职业教育-教材
Ⅳ.①TP302.7

中国国家版本馆CIP数据核字（2024）第006720号

书　　名：**计算机视觉——**基于OpenCV的图像处理
作　　者：宋桂岭

策　　划：张围伟　　**编辑部电话**：（010）51873135
责任编辑：汪　敏　包　宁
封面设计：尚明龙
责任校对：安海燕
责任印制：樊启鹏

出版发行：中国铁道出版社有限公司（100054，北京市西城区右安门西街8号）
网　　址：http://www.tdpress.com/51eds/
印　　刷：天津嘉恒印务有限公司
版　　次：2024年2月第1版　2024年2月第1次印刷
开　　本：787 mm×1 092 mm 1/16　**印张**：10.5　**字数**：241千
书　　号：ISBN 978-7-113-30980-0
定　　价：36.00元

前言

数字图像处理和计算机视觉已成为计算机科学和人工智能的一个重要分支，它们在各个领域中都有广泛应用，如机器人、自动驾驶、医疗诊断、安防监控等领域的发展都离不开数字图像处理和计算机视觉技术的支持。数字图像处理和计算机视觉的本质是将图像或视频数据转换成计算机可以理解和处理的形式，然后利用各种算法和技术对其进行分析和处理。本书针对高等职业院校人工智能技术应用、计算机应用技术、工业机器人等专业教学要求，旨在通过项目实战方式，让读者逐步深入理解数字图像处理和计算机视觉的基本原理和方法，并且掌握OpenCV这一强大开源库的使用方法，从而完成实际项目任务。

视频

课程介绍

本书基于OpenCV进行讲解。OpenCV是一个开源的计算机视觉库，它提供了丰富的函数和方法来实现各种数字图像处理和计算机视觉的任务。本书将具体介绍OpenCV的使用方法，包括图像读写、颜色空间转换、滤波、特征提取、目标检测和跟踪等常用操作。我们将通过实战案例分步骤带领读者掌握以上技术要点，并且提供详细的代码和运行结果，帮助读者更好地理解和掌握OpenCV的使用。全书各部分内容如下：

本书第1部分为图像采集及操作实战。在数字图像处理中，图像的表示和处理是最基本的部分。图像是计算机中最重要的数据类型之一，它是由像素组成的二维数组。在实际项目任务中需要对图像进行各种操作，如裁剪、缩放、旋转、平移等，这些操作需要对图像的像素进行处理。这一部分介绍像素操作、图像缩放、图像旋转、图像平移等内容，帮助读者全面了解图像的基本概念和处理方法。

本书第2部分为图像增强实战。图像增强是数字图像处理中的一种基础技术，它的主要任务是通过一系列的处理方法来改善原始图像的质量、增强细节、提高对比度等。图像增强技术在计算机视觉、人工智能等领域中有着广泛应用。这一部分介绍直方图均衡化、滤波、锐化、自动色阶、曲线调整等多种增强方法，并给出实战案例。

本书第3部分为图像分析实战。特征提取和描述是数字图像处理和计算机视觉中非常重要的部分。特征是图像中的重要信息，它可以描述图像中的形状、纹理、颜色等特征。在计算机视觉中，特征提取和描述是非常重要的，它可以用于目标检测、目标跟踪、图像识别等领域。这一部分介绍特征提取和描述的基本原理和方法，包括边缘检测、角点检测、直方图特征、SIFT、SURF等常用特征的提取和描述方法。

目标检测和跟踪是计算机视觉中非常重要的应用领域。目标检测和跟踪可以用于安防监控、自动驾驶、机器人、医疗诊断等领域。这一部分介绍目标检测和跟踪的基本原理和方法，包括Haar特征、LBP特征、HOG特征、卷积神经网络等常用方法。另外，还介绍了目标跟踪的基本方法，包括KCF、TLD、CSRT等。

本书第4部分为机器学习实战。重点讲解了OpenCV机器学习的相关内容。近年来，OpenCV和深度学习的结合趋势越来越明显，OpenCV通过DNN模块（deep neural network）提供了对主流深度学习框架（如TensorFlow、Caffe、PyTorch等）的支持，可以将深度学习模型直接集成到OpenCV中，实现对图像和视频的实时处理，如目标检测、人脸识别、图像分割等。本书以实战方式介绍了YoloV8与OpenCV的结合，给出了基于深度学习的文字识别、车牌识别等商业级目标检测方法。

本书配套代码及教学资源可登录中国铁道出版社教育资源数字化平台（http://www.tdpress.com/51eds/）下载。

本书的读者对象为人工智能技术应用、计算机应用技术、工业机器人技术等相关专业的高职学生，同时也适合计算机视觉初学者和从事相关领域工作的人员。我们希望读者通过本书的学习能够深入理解数字图像处理和计算机视觉的本质，能够对读者有所帮助，并且能够在实际工作中灵活运用所学知识，也欢迎大家提出宝贵的意见和建议，共同进步。

本书的写作和课程教学验证持续了一年多的时间。在本书写作过程中，从内容选题到确定思路，从资料搜集、提纲拟定到内容的编写与修改，再到诸多算法和实验的梳理，得益于无锡日联科技股份有限公司等合作企业的大力支持，在此特别表示感谢。宋桂岭制订全书编写提纲并完成编写工作，厉菲菲参与了本书的实验、素材整理和校正工作。在此，对所有关心本书的学者、同仁和学生表示感谢，感谢中国铁道出版社有限公司各位编辑的支持和指导。

本书在编写过程中，参考和引用了大量国内外的著作、论文和研究报告。由于篇幅有限，仅列举了主要文献。编者向所有被参考和引用论著的作者表示由衷的感谢，他们的辛勤劳动成果为本书提供了丰富的资料。如果有的资料没有查到出处或因疏忽而未列出，请原作者原谅，并请告知我们，以便在再版时补充。

由于编者水平有限，书中难免存在疏漏之处，恳请广大读者批评指正。

宋桂岭

2023年10月

目 录

第1部分　图像采集及操作实战

第2部分　图像增强实战

第3部分　图像分析实战

第1部分

图像采集及操作实战

本部分主要介绍开发工具的安装、OpenCV开发环境的配置，摄像头的访问及保存图片等操作。

学习目的

◎掌握OpenCV开发环境的配置

◎理解常见的图像类型

◎会利用笔记本摄像头采集图像

◎了解计算机视觉任务场景

第1章 OpenCV 环境配置

本章要点

◎计算机视觉的定义

◎OpenCV库介绍

◎OpenCV开发环境的配置

◎读取第一张图像

1.1 计算机视觉概述

1.1.1 计算机视觉的概念

视频

计算机视觉概述

计算机视觉又称机器视觉，是一门“教”会计算机如何去“看”世界的学科。形象地说，就是给计算机安装上眼睛（摄像头）和大脑（算法），让计算机能够感知环境。

具体来说，计算机视觉是使用计算机及相关设备对生物视觉的一种模拟，用各种成像设备代替视觉器官作为输入手段，用计算机代替大脑完成处理和解释。计算机视觉的最终研究目标就是使计算机能像人那样通过视觉观察和理解世界，并且具有自主适应环境的能力。

图1-1所示为视觉处理流程，通过视觉传感器采集图像，经过计算机处理，最终完成图像内容识别、分类、分割等任务。

需要注意的是，在计算机视觉系统中计算机起代替人脑的作用，但并不意味着计算机必须按人类视觉的方法完成视觉信息的处理。计算机视觉可以根据计算机系统的特点进行视觉信息的处理。计算机视觉在采集图像、分析图像、处理图像的过程中，其灵敏度、精确度、快速性都是人类视觉所无法比拟的，它克服了人类视觉的局限性。计算机视觉系统的独特性质，使它在各个领域的应用中显示出强大生命力。但是，人类视觉系统是迄今为止，人们所知道的功能最强大和最完善的视觉系统，对人类视觉处理机制的研究同样给计算机视觉的研究提供启发和指导。

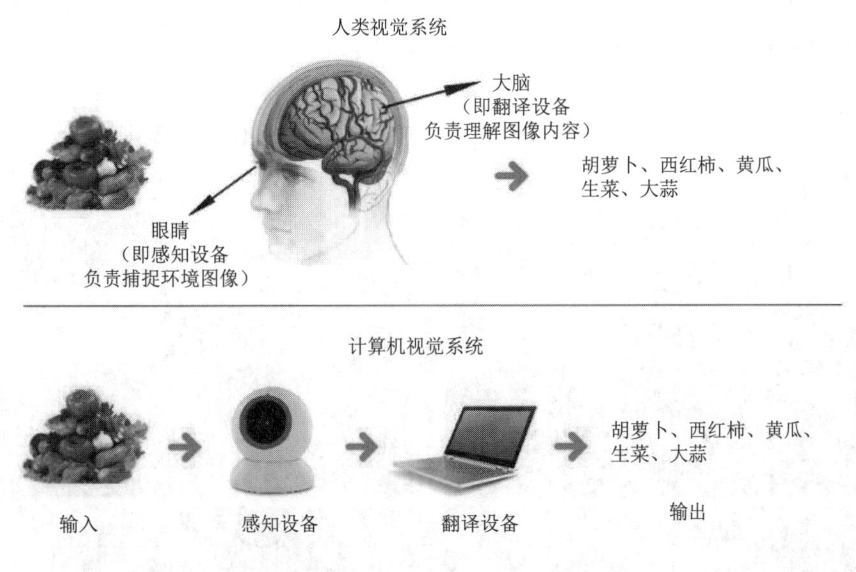

图 1-1　计算机视觉处理流程图

1.1.2　计算机视觉的任务

图像分类（image classification）、目标检测（object detection）、图像分割（image segmentation）为计算机视觉的三大经典任务，如图1-2所示。

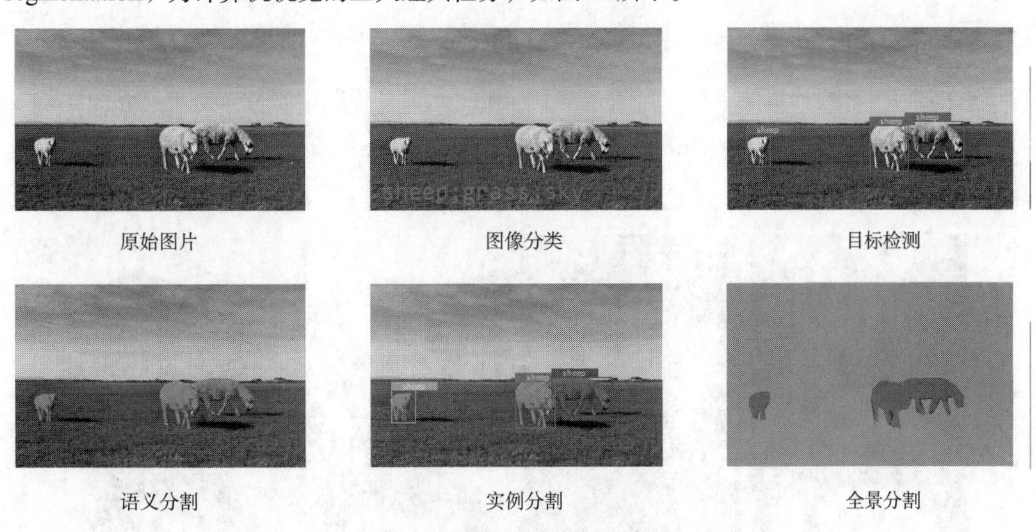

图 1-2　计算机视觉的基本应用

具体介绍如下：

（1）图像分类：根据给定一组带有标签的图像，对一组新的测试图像的类别进行预测，并可以给出预测结果的可信度。

（2）物体识别和检测：给定一张输入图片，算法能够自动找出图片中的常见物体，并将其所属类别及位置输出，简言之，就是将物体在原图中框出，如人脸识别。

（3）图像分割：是指将图像分成若干具有相似性质的区域的过程，从数学角度来看，图像分割是将图像划分成互不相交的区域的过程。

此外，计算机视觉还可以完成以下任务：

（1）风格迁移：是指将一个领域或者几张图片的风格应用到其他领域或者图片上。比如将抽象派的风格应用到写实派的图片上，如图1-3所示。

图 1-3　风格迁移的例子：真实照片风格迁移为卡通图片

（2）图像重构：图像重构（image reconstruction）又称图像修复（image inpainting），其目的是修复图像中缺失的地方，比如可以用于修复一些老的有损坏的黑白照片和影片，如图1-4所示。

图 1-4　图像修复

（3）超分辨率：超分辨率（super-resolution）是指将低分辨率图像放大为对应的高分辨率图像，从而使图像更清晰，如图1-5所示。

图 1-5　超分辨率

（4）图像生成：图像生成（image synthesis）是根据一张图片生成修改部分区域的图片或全新图片的任务，如图1-6所示。

图 1-6　图像生成，根据左图的马生成右图的斑马

（5）三维重建：三维重建（3D reconstruction）是指从一堆二维图像中恢复物体的三维结构，并进行渲染，最终在计算机中进行客观世界的虚拟现实的表达，如图1-7所示。

图 1-7　基于 3D 激光扫描仪进行三维重建过程

1.1.3 计算机视觉的应用

计算机视觉应用领域广泛，以下为一些典型场景，图1-8所示为基于计算机视觉实现对铝片表面工业缺陷检测的效果图，图1-9所示为对零件的识别，图1-10所示为采摘机器人。

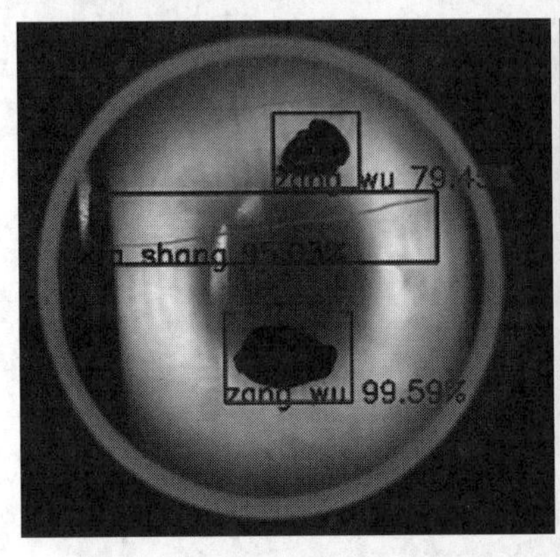

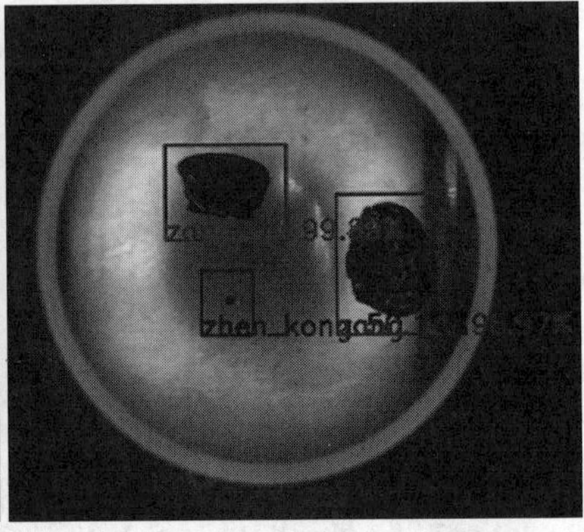

图 1-8 铝片表面缺陷检测

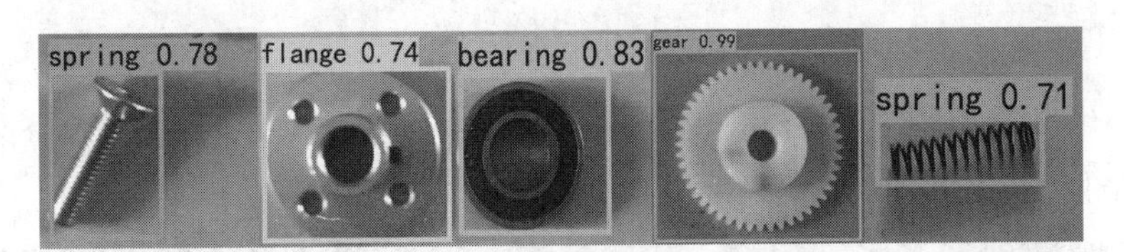

图 1-9 零部件识别

图 1-10 基于视觉的采摘机器人

计算机视觉应用领域包括：

（1）自动驾驶：如汽车实现行驶路线规划、障碍物检测和避让、交通信号识别等。

（2）工业制造：包括机器人视觉系统、缺陷检测、质量控制、零件识别和装配等。

（3）医疗诊断：包括影像分析、疾病诊断和治疗监测等。

（4）安防监控：包括人脸识别、行为分析、犯罪侦查等。

（5）增强现实：包括虚拟现实、游戏、电影和电视特效。

（6）城市管理：包括垃圾自动分拣、可回收物分类等。

（7）农业领域：包括种植和收获自动化、作物识别和病害检测等。

（8）游戏和娱乐：包括运动追踪、手势识别、面部表情识别等。

1.2　OpenCV概述

视频

OpenCV概述

OpenCV（open source computer vision library），开源计算机视觉库于1999年在英特尔启动，第一个版本于2000年发布。2005年，搭载OpenCV的斯坦利自动驾驶汽车赢得了2005年美国国防部高级研究计划局（DARPA）在美国莫哈维沙漠地区举行的无人驾驶挑战赛，如图1-11所示。经过多年的发展，OpenCV支持了计算机视觉和机器学习相关的数百种算法，并且仍在继续发展。

图1-11　斯坦利自动驾驶汽车

OpenCV支持多种编程语言，如C++、Python、Java等，并可在Windows、Linux、Android和mac OS等不同的平台上使用。

OpenCV-Python是OpenCV在Python语言下的封装库。Python是一种通用编程语言，它的语法简单，代码可读性好，编写同一计算机程序相对C++等语言，所用代码行数更少。因此，在人工智能领域，Python成为了最流行的语言。

Python的执行速度要慢于C/C++。为此，OpenCV底层使用C/C++语言编写，然后用Python对底层代码进行封装，保留了底层算法API给应用开发人员，从而使得OpenCV-Python库拥有和原生OpenCV一样的执行速度，同时具备了Python语言的快速开发优势。

1.3　OpenCV-Python环境配置

1.3.1　Python环境的安装

视频

OpenCV-Python环境配置

Python是一种面向对象的解释型、跨平台计算机程序设计语言，可在Windows、Linux及mac OS等系统中搭建环境并使用，其编写的代码在不同平台上运行时，几乎不需要做较大改动，使用者无不受益于它的便捷性。

此外，Python的强大之处在于它的应用领域范围之广，遍及人工智能、科学计算、Web开发、系统运维、大数据及云计算、金融、游戏开发等。实现其强大功能的前提，就是Python具有数量庞大且功能相对完善的标准库和第三方库。通过对库的引用，能够实现对不同领域业务的开发。然而，正是由于库的数量庞大，管理及维护这些库成为既重要但复杂度又高的事情。

这里，采用Anaconda工具进行Python环境的维护管理，该工具可以便捷获取程序包并对包进行统一管理，其包含了超过180个科学包及其依赖项。

Python环境安装配置步骤如下：

（1）考虑网络下载速度，这里采用清华大学开源软件镜像站。

（2）单击对应的超链接，即可进入Anaconda工具的下载页面。该页面按时间从远到近排列，可以通过单击Date旁的箭头，修改排序为时间最近优先，如图1-12所示。

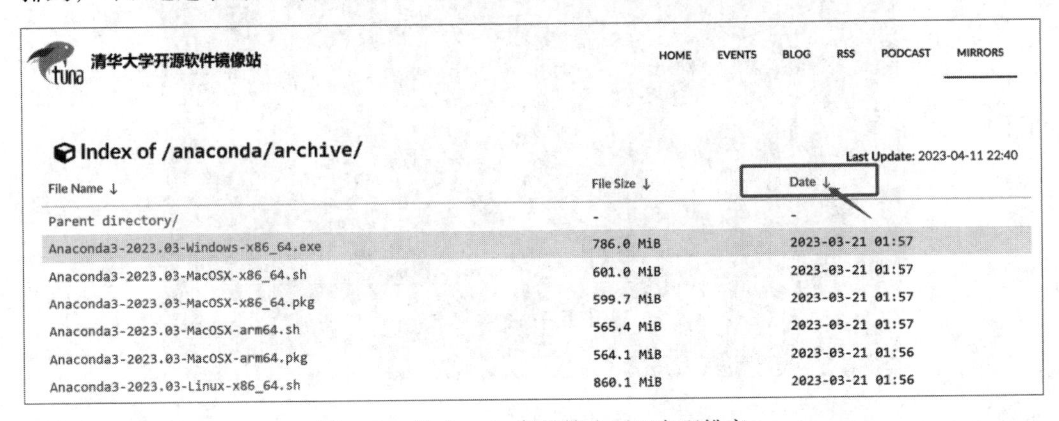

图 1-12　单击 Date 旁的箭头可以实现排序

（3）选择最近日期的安装包，根据操作系统环境下载安装程序，例如，在Windows操作系统环境下，选择Anaconda3-2023.03-Windows-x86_64.exe程序。

（4）单击下载好的安装程序，正式开始安装，如图1-13所示，单击Next按钮，进入下一步。

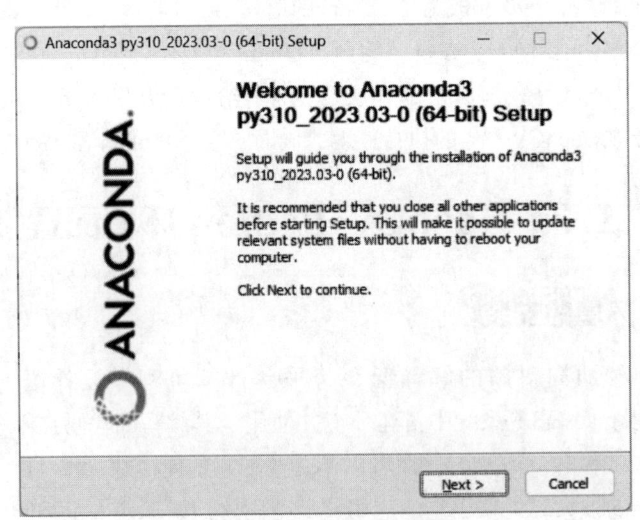

图 1-13　Anaconda3 开始安装

（5）在弹出的License Agreement对话框中，单击I Agree按钮，进入下一步操作，如图1-14所示。

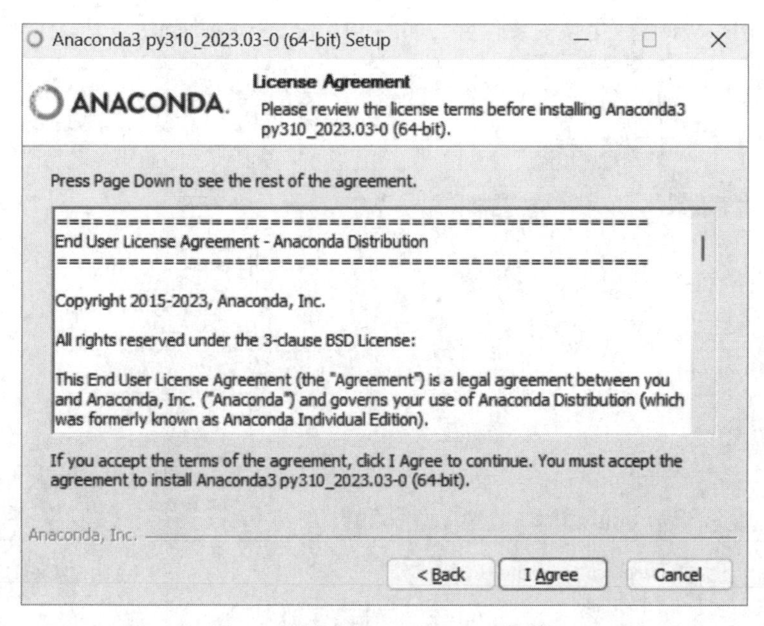

图 1-14　License Agreement 对话框

（6）在弹出的Select Installation Type对话框中，选择Just Me单选按钮，然后单击Next按钮，进入下一步操作，如图1-15所示。

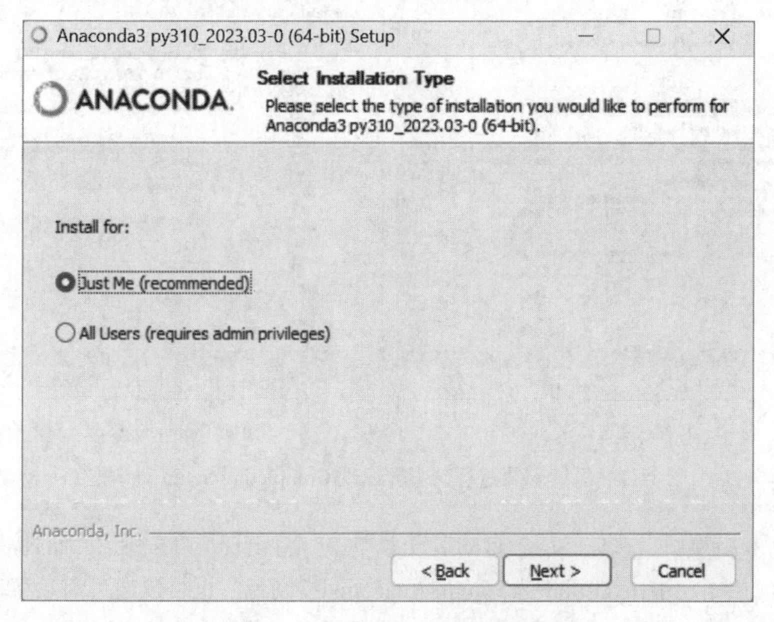

图 1-15　Select Installation Type 对话框

（7）在弹出的Choose Install Location对话框中，选择对应的安装位置，由于在实际开发中，要经常下载第三方开发库，在计算机上选择安装位置时，要预留足够的硬盘空间，可以通过单击Browse按钮更换安装位置，如图1-16（a）、（b）所示。

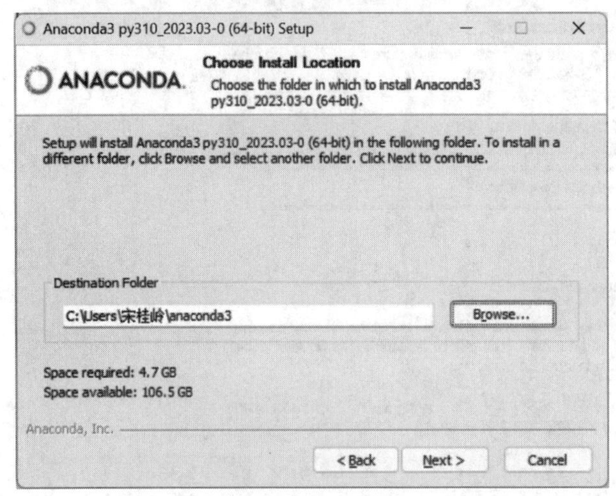

（a）Choose Install Location 对话框

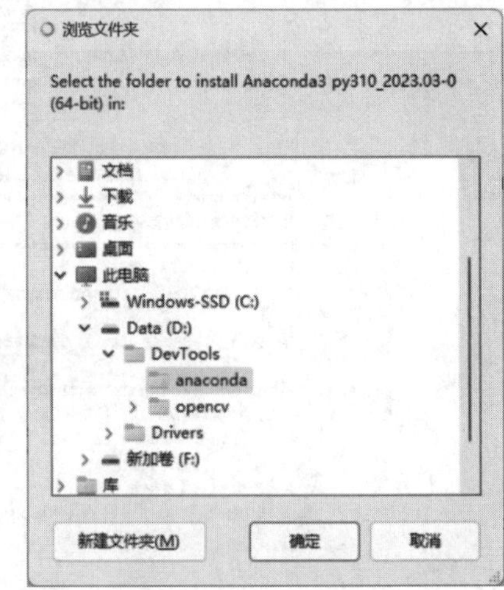

（b）选择安装位置

图 1-16　这里选择了 D 盘

（8）接下来按照推荐步骤安装即可，注意务必勾选Create start menu shortcuts复选框，如图1-17（a）、（b）所示。

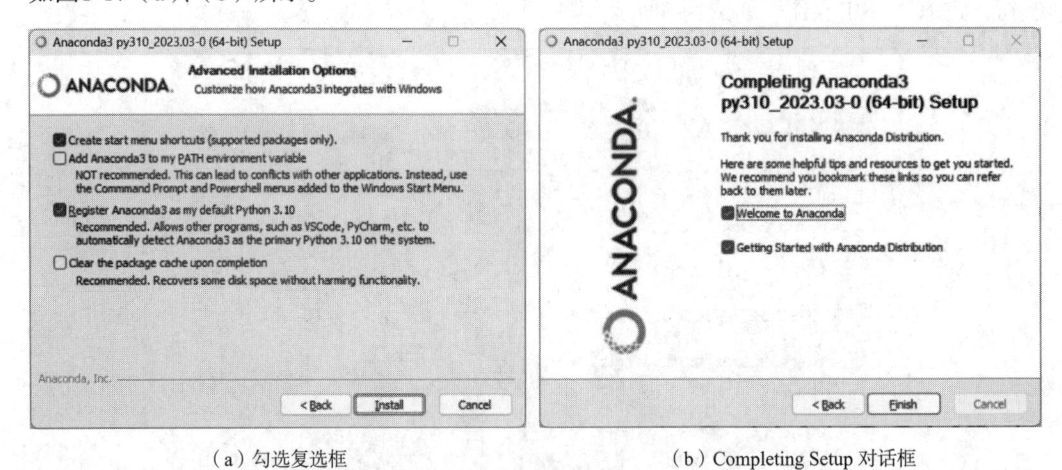

（a）勾选复选框　　　　（b）Completing Setup 对话框

图 1-17　继续安装过程，直至出现 Completing Setup 对话框

（9）安装结束后，在Windows11的启动菜单中，将出现最新安装项目的快捷图标，如图1-18所示，单击该图标即可进入对应的Anaconda控制台。也可以通过启动菜单对话框最上方通过搜索Anaconda Prompt快速进入；或者通过单击右侧“所有应用”按钮，按照字母顺序查找Anaconda Prompt。

（10）在弹出的Anaconda控制台中，输入python，出现图1-19所示的画面，证明Python安装成功，输入exit()退出Python环境，关闭对话框。

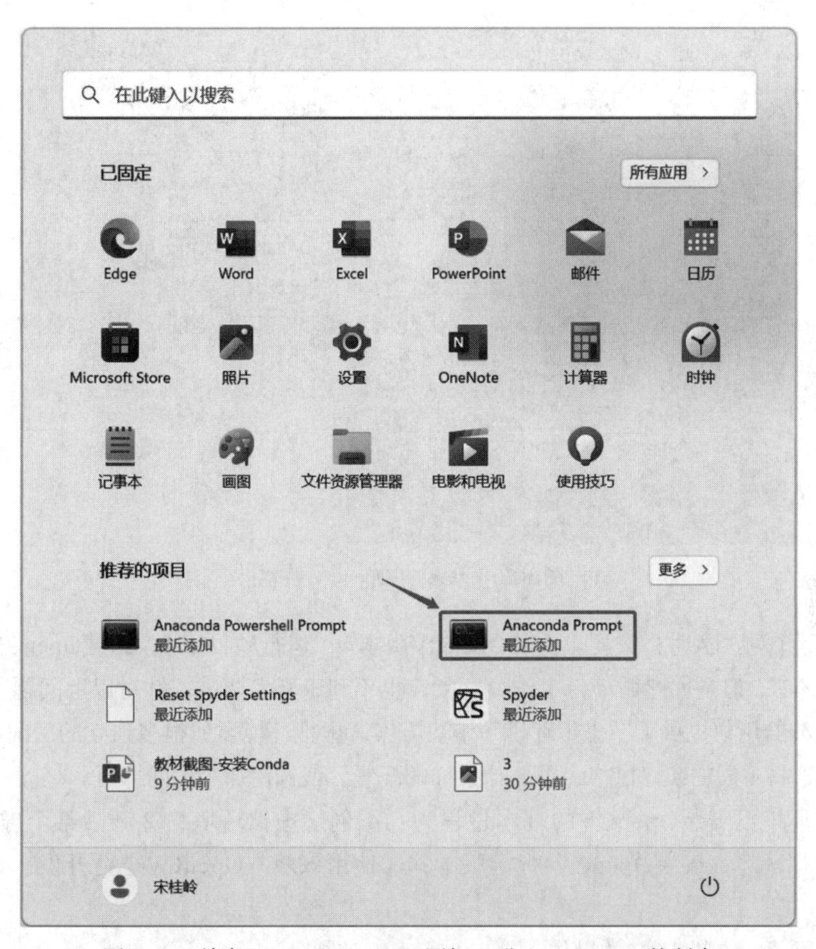

图 1-18 单击 Anaconda Prompt 图标，进入 Anaconda 控制台

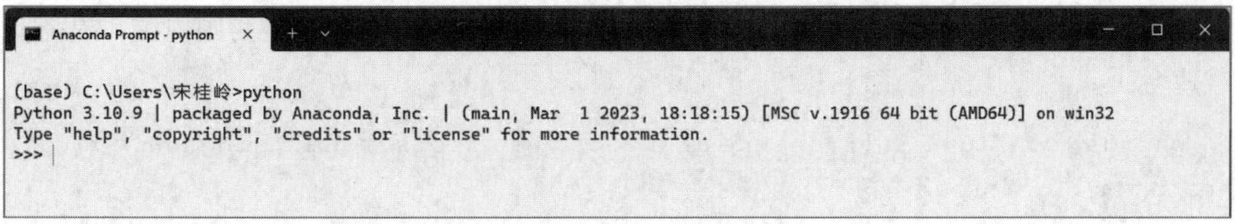

```
Anaconda Prompt - python

(base) C:\Users\宋桂岭>python
Python 3.10.9 | packaged by Anaconda, Inc. | (main, Mar  1 2023, 18:18:15) [MSC v.1916 64 bit (AMD64)] on win32
Type "help", "copyright", "credits" or "license" for more information.
>>> |
```

图 1-19 Python 安装成功验证

1.3.2 OpenCV-Python 安装

伴随OpenCV近20年的发展，其版本不断变更，打开OpenCV官方文档，可以发现官方目前维护有超过20个迭代版本，如图1-20所示。由于项目开发的周期性，很有可能出现不同项目选择不同OpenCV版本的情况。例如，同时接到两个项目任务，项目A要求使用OpenCV版本A，项目B要求使用OpenCV版本B，如此情况该怎么办？

Doxygen HTML

- 4.7.0 (zip - 86.7 Mb, tar.xz - 60.3 Mb)
- 3.4.19 (zip - 75.3 Mb, tar.xz - 53.6 Mb)
- 4.6.0 (zip - 85.5 Mb, tar.xz - 59.6 Mb)
- 3.4.18 (zip - 75.0 Mb, tar.xz - 53.3 Mb)
- 4.5.5 (zip - 86.1 Mb, tar.xz - 60.3 Mb)
- 3.4.17 (zip - 75.8 Mb, tar.xz - 54.1 Mb)
- 4.5.4 (zip - 86.4 Mb, tar.xz - 60.9 Mb)
- 3.4.16 (zip - 76.7 Mb, tar.xz - 54.9 Mb)
- 4.5.3 (zip - 85.7 Mb, tar.xz - 59.8 Mb)
- 3.4.15 (zip - 76.7 Mb, tar.xz - 54.3 Mb)
- 4.5.2 (zip - 85.4 Mb, tar.xz - 59.6 Mb)
- 3.4.14 (zip - 76.7 Mb, tar.xz - 54.3 Mb)
- 4.5.1 (zip - 84.4 Mb, tar.xz - 59.0 Mb)
- 3.4.13 (zip - 76.5 Mb, tar.xz - 54.2 Mb)
- 4.5.0 (zip - 82.3 Mb, tar.xz - 57.7 Mb)
- 3.4.12 (zip - 76.6 Mb, tar.xz - 54.2 Mb)
- 4.4.0 (zip - 80.9 Mb, tar.xz - 57.4 Mb)
- 3.4.11 (zip - 75.9 Mb, tar.xz - 54.2 Mb)
- 4.3.0 (zip - 80.6 Mb, tar.xz - 57.4 Mb)
- 3.4.10 (zip - 75.9 Mb, tar.xz - 54.3 Mb)
- 4.2.0 (zip - 80.3 Mb, tar.xz - 57.3 Mb)
- 3.4.9 (zip - 75.8 Mb, tar.xz - 54.2 Mb)
- 4.1.2 (zip - 80.1 Mb, tar.xz - 57.3 Mb)
- 3.4.8 (zip - 76.7 Mb, tar.xz - 55.1 Mb)
- 4.1.1 (zip - 79.8 Mb, tar.xz - 56.7 Mb)
- 3.4.7 (zip - 77.4 Mb, tar.xz - 55.2 Mb)
- 4.1.0 (zip - 78.8 Mb, tar.xz - 56.4 Mb)
- 3.4.6 (zip - 76.8 Mb, tar.xz - 55.0 Mb)
- 4.0.1 (zip - 78.9 Mb, tar.xz - 56.0 Mb)

Sphinx HTML

- 2.4.13.7 (zip - 41.3 Mb, tar.xz - 26.6 Mb)
- 2.4.13.6 (zip - 41.3 Mb, tar.xz - 26.6 Mb)
- 2.4.13.5 (zip - 41.3 Mb, tar.xz - 26.6 Mb)
- 2.4.13.4 (zip - 41.3 Mb, tar.xz - 26.6 Mb)
- 2.4.13.3 (zip - 41.3 Mb, tar.xz - 26.5 Mb)
- 2.4.13.2 (zip - 41.3 Mb, tar.xz - 26.7 Mb)
- 2.4.13 (zip - 40.5 Mb, tar.xz - 25.9 Mb)
- 2.4.12 (zip - 40.5 Mb, tar.xz - 25.9 Mb)
- 2.4.11 (zip - 57.8 Mb, tar.xz - 37.9 Mb)
- 3.0-last-rst (zip - 65.2 Mb, tar.xz - 43.9 Mb)
- 2.4.10 (zip - 57.8 Mb, tar.xz - 37.9 Mb)
- 3.0-beta (zip - 64.0 Mb, tar.xz - 43.2 Mb)
- 3.0-alpha (zip - 60.7 Mb, tar.xz - 38.8 Mb)
- 2.4.9 (zip - 56.8 Mb, tar.xz - 36.4 Mb)
- 2.4.8 (zip - 56.4 Mb, tar.xz - 34.4 Mb)
- 2.4.7 (zip - 54.3 Mb, tar.xz - 34.0 Mb)
- 2.4.6 (zip - 47.7 Mb, tar.xz - 30.1 Mb)
- 2.4.0 (zip - 33.0 Mb, tar.xz - 22.6 Mb)
- 2.4.5 (zip - 42.8 Mb, tar.xz - 23.2 Mb)
- 2.4.4 (zip - 41.9 Mb, tar.xz - 22.7 Mb)
- 2.4.4-beta (zip - 31.7 Mb, tar.xz - 19.7 Mb)
- 2.4.3.2 (zip - 25.2 Mb, tar.xz - 14.7 Mb)
- 2.4.3 (zip - 29.5 Mb, tar.xz - 15.3 Mb)
- 2.4.3-rc (zip - 39.9 Mb, tar.xz - 26.8 Mb)
- 2.4.2 (zip - 40.4 Mb, tar.xz - 26.1 Mb)
- 2.4.1 (zip - 27.0 Mb, tar.xz - 19.5 Mb)
- 2.4-beta (zip - 20.5 Mb, tar.xz - 9.7 Mb)
- 2.3 (zip - 31.5 Mb, tar.xz - 22.0 Mb)

Javadoc HTML

- **Note**: Javadoc is embedded into doxygen pages since OpenCV 3.4.1+
- 3.0.0 (zip - 0.5 Mb, tar.xz - 0.2 Mb)
- 3.0-rc1 (zip - 0.4 Mb, tar.xz - 0.1 Mb)
- 2.4.11 (zip - 0.6 Mb, tar.xz - 0.2 Mb)
- 2.4.9 (zip - 0.6 Mb, tar.xz - 0.2 Mb)
- 2.4.8 (zip - 0.6 Mb, tar.xz - 0.2 Mb)
- 2.4.7.1 (zip - 0.6 Mb, tar.xz - 0.2 Mb)
- 2.4.7 (zip - 0.6 Mb, tar.xz - 0.2 Mb)
- 2.4.6 (zip - 0.6 Mb, tar.xz - 0.2 Mb)
- 2.4.5 (zip - 0.6 Mb, tar.xz - 0.2 Mb)
- 2.4.4 (zip - 0.6 Mb, tar.xz - 0.2 Mb)
- 2.4.4-beta (zip - 0.6 Mb, tar.xz - 0.2 Mb)
- 2.4.3.2 (zip - 0.6 Mb, tar.xz - 0.2 Mb)
- 2.4.3.1 (zip - 0.6 Mb, tar.xz - 0.2 Mb)
- 2.4.3 (zip - 0.6 Mb, tar.xz - 0.2 Mb)
- 2.4.2 (zip - 0.5 Mb, tar.xz - 0.2 Mb)

图 1-20　众多的 OpenCV 版本

可以运行项目A时，按要求安装OpenCV版本A，运行项目B时，卸载OpenCV版本A，再安装版本B。但是如此循环，工作量巨大，也不利于开发调试。针对以上问题 Python或者Anaconda给用户提供了“虚拟环境”解决方案。虚拟环境类似很多独立的房间，不同的房间可以选择不同的装修风格，需要什么样的配置，就选用那个房间即可。

虚拟环境下安装OpenCV的基本过程为：①创建虚拟环境；②激活某个虚拟环境；③配置虚拟环境，安装OpenCV 特定版本；④使用该版本OpenCV进行开发。详细过程如下：

（1）重复1.3.1节步骤9的操作，进入Anaconda控制台。

（2）如前所述，在进行实际安装时，需要从服务器下载很多安装包，Anaconda的默认安装包服务器位于国外，访问速度较慢，通过输入如下指令，可以切换为国内源，提高下载速度：

```
conda config --add channels https://mirrors.tuna.tsinghua.edu.cn/anaconda/pkgs/free/
conda config --add channels https://mirrors.tuna.tsinghua.edu.cn/anaconda/pkgs/main/
conda config --add channels https://mirrors.tuna.tsinghua.edu.cn/anaconda/cloud/conda-forge/
conda config --add channels https://mirrors.tuna.tsinghua.edu.cn/anaconda/cloud/msys2/
conda config --set show_channel_urls yes
```

（3）完成国内源配置后，输入如下命令，在弹出的提示中，选择y，如图1-21所示。

```
conda create -n opencv4.7 python=3.9
```

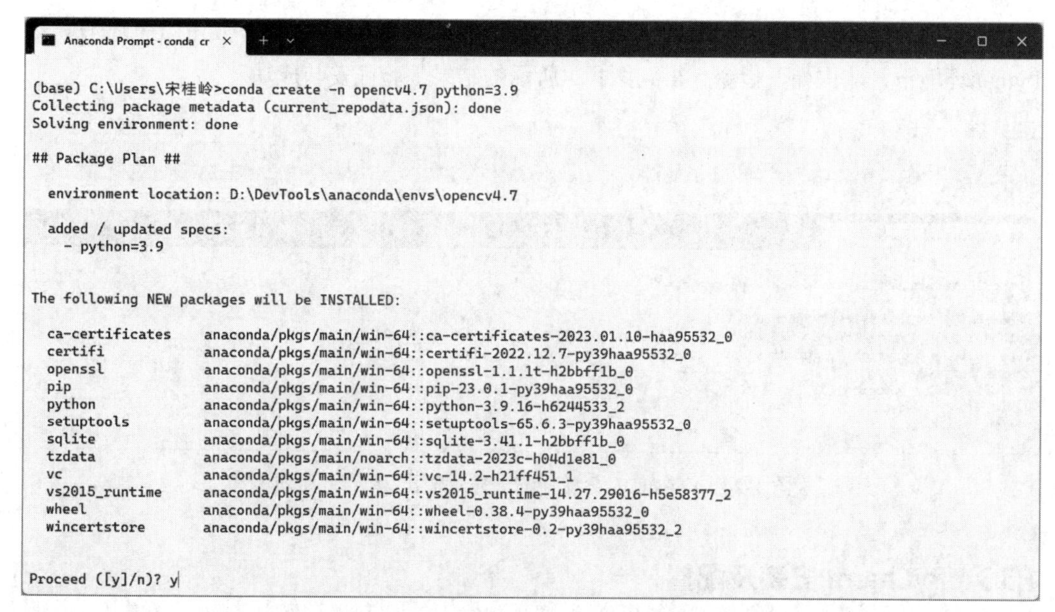

```
Anaconda Prompt - conda cr

(base) C:\Users\宋桂岭>conda create -n opencv4.7 python=3.9
Collecting package metadata (current_repodata.json): done
Solving environment: done

## Package Plan ##

  environment location: D:\DevTools\anaconda\envs\opencv4.7

  added / updated specs:
    - python=3.9


The following NEW packages will be INSTALLED:

  ca-certificates    anaconda/pkgs/main/win-64::ca-certificates-2023.01.10-haa95532_0
  certifi            anaconda/pkgs/main/win-64::certifi-2022.12.7-py39haa95532_0
  openssl            anaconda/pkgs/main/win-64::openssl-1.1.1t-h2bbff1b_0
  pip                anaconda/pkgs/main/win-64::pip-23.0.1-py39haa95532_0
  python             anaconda/pkgs/main/win-64::python-3.9.16-h6244533_2
  setuptools         anaconda/pkgs/main/win-64::setuptools-65.6.3-py39haa95532_0
  sqlite             anaconda/pkgs/main/win-64::sqlite-3.41.1-h2bbff1b_0
  tzdata             anaconda/pkgs/main/noarch::tzdata-2023c-h04d1e81_0
  vc                 anaconda/pkgs/main/win-64::vc-14.2-h21ff451_1
  vs2015_runtime     anaconda/pkgs/main/win-64::vs2015_runtime-14.27.29016-h5e58377_2
  wheel              anaconda/pkgs/main/win-64::wheel-0.38.4-py39haa95532_0
  wincertstore       anaconda/pkgs/main/win-64::wincertstore-0.2-py39haa95532_2


Proceed ([y]/n)? y
```

图 1-21　创建 OpenCV 4.7 虚拟环境

（4）安装后，输入如下指令，即可切换到OpenCV 4.7的虚拟环境。

```
conda activate opencv4.7
```

（5）切换到OpenCV 4.7环境后，首先通过以下指令设置安装工具pip为国内源，用来提高安装速度。通过pip config list指令，可以查看是否设置成功，如图1-22所示。

```
pip config set global.index-url https://pypi.tuna.tsinghua.edu.cn/simple
```

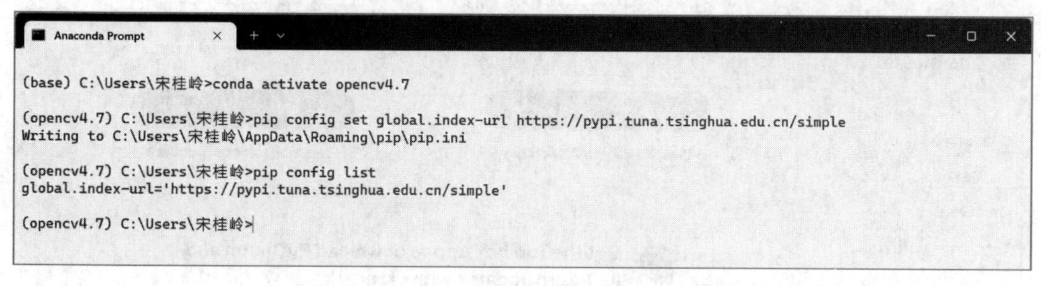

```
Anaconda Prompt

(base) C:\Users\宋桂岭>conda activate opencv4.7

(opencv4.7) C:\Users\宋桂岭>pip config set global.index-url https://pypi.tuna.tsinghua.edu.cn/simple
Writing to C:\Users\宋桂岭\AppData\Roaming\pip\pip.ini

(opencv4.7) C:\Users\宋桂岭>pip config list
global.index-url='https://pypi.tuna.tsinghua.edu.cn/simple'

(opencv4.7) C:\Users\宋桂岭>
```

图 1-22　pip 设置下载源为国内镜像源

（6）通过如下指令安装OpenCV的Python版本，安装成功的界面如图1-23所示。

```
pip install opencv-python==4.7.0.72
```

```
(opencv4.7) C:\Users\宋桂岭>pip install opencv-python==4.7.0.72
Looking in indexes: https://pypi.tuna.tsinghua.edu.cn/simple
Collecting opencv-python==4.7.0.72
  Using cached https://pypi.tuna.tsinghua.edu.cn/packages/36/98/fab8d982e2e2b57bdebcad64c7e5b5a14ac91c657cac509b9cf3fbea
49d2/opencv_python-4.7.0.72-cp37-abi3-win_amd64.whl (38.2 MB)
Collecting numpy>=1.19.3
  Using cached https://pypi.tuna.tsinghua.edu.cn/packages/9d/3b/13404993b5dec7403abcf9518569316b5d72d9a3081cd90aca130e6d
8b00/numpy-1.24.2-cp39-cp39-win_amd64.whl (14.9 MB)
Installing collected packages: numpy, opencv-python
Successfully installed numpy-1.24.2 opencv-python-4.7.0.72
```

图 1-23　OpenCV 安装成功界面

（7）验证OpenCV是否可以使用，通过输入python指令，进入Python程序环境，在Python环境下，输入如下指令，得到图1-24所示的结果，验证安装成功。

```
import cv2
print(cv2.__version__)
```

```
Anaconda Prompt - python

(base) C:\Users\宋桂岭>conda activate opencv4.7

(opencv4.7) C:\Users\宋桂岭>python
Python 3.9.16 (main, Mar  8 2023, 10:39:24) [MSC v.1916 64 bit (AMD64)] on win32
Type "help", "copyright", "credits" or "license" for more information.
>>> import cv2
>>> print(cv2.__version__)
4.7.0
>>>
```

图 1-24　OpenCV 安装测试，显示输出为 4.7.0 版本

1.3.3　PyCharm 安装及配置

在实际项目开发中，一般采用VS Code或PyCharm等开发工具进行项目开发。本书采用PyCharm。官方下载页面如图1-25所示，如果有edu邮箱，可以下载专业版（professional），否则可以下载社区版（community）。

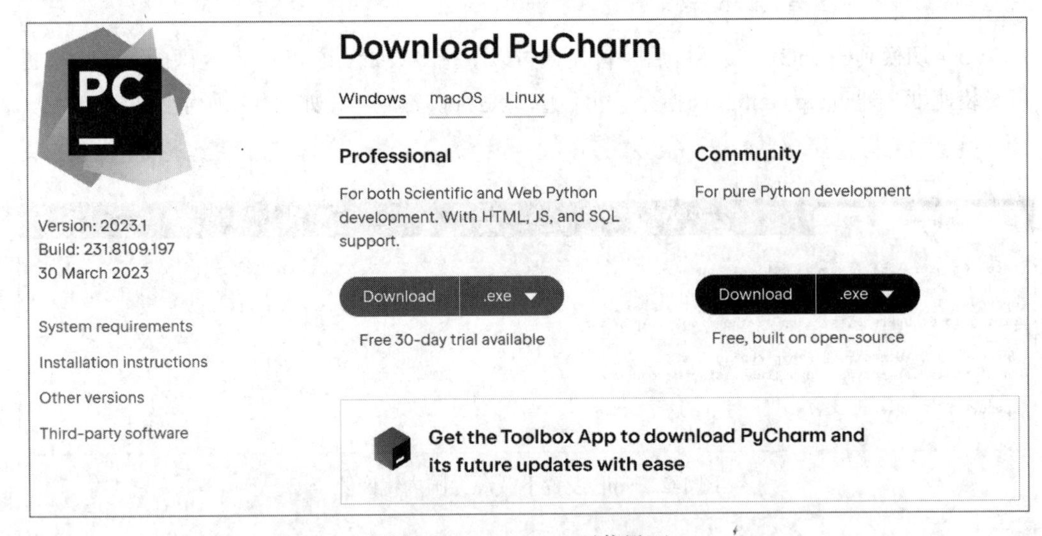

图 1-25　PyCharm 下载界面

PyCharm的安装步骤较为简单，下载后按照提示安装即可。安装后，如果下载的是Professional，可以按照提示进行账号激活，教育版的授权期为一年。在PyCharm下可以参照1.3.2节配置Anaconda开发环境。具体步骤如下：

（1）打开PyCharm，首次使用界面如图1-26所示。

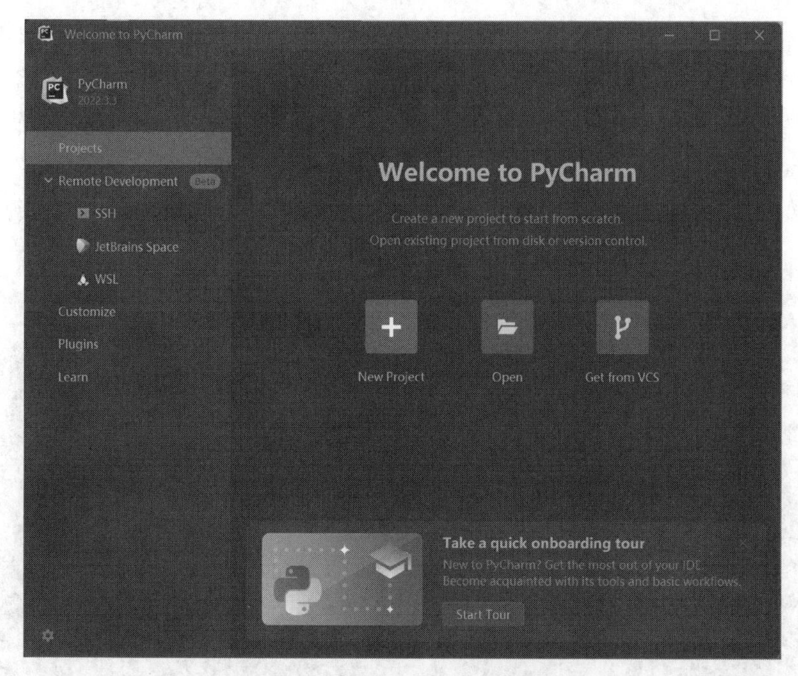

图 1-26　PyCharm 项目创建界面

（2）单击New Project按钮，创建新的项目，进入图1-27所示的界面，在Location文本框中，将项目名称修改为chp1。选择Previously configured interpreter单选按钮，单击Add Interpreter按钮，然后单击Create按钮。

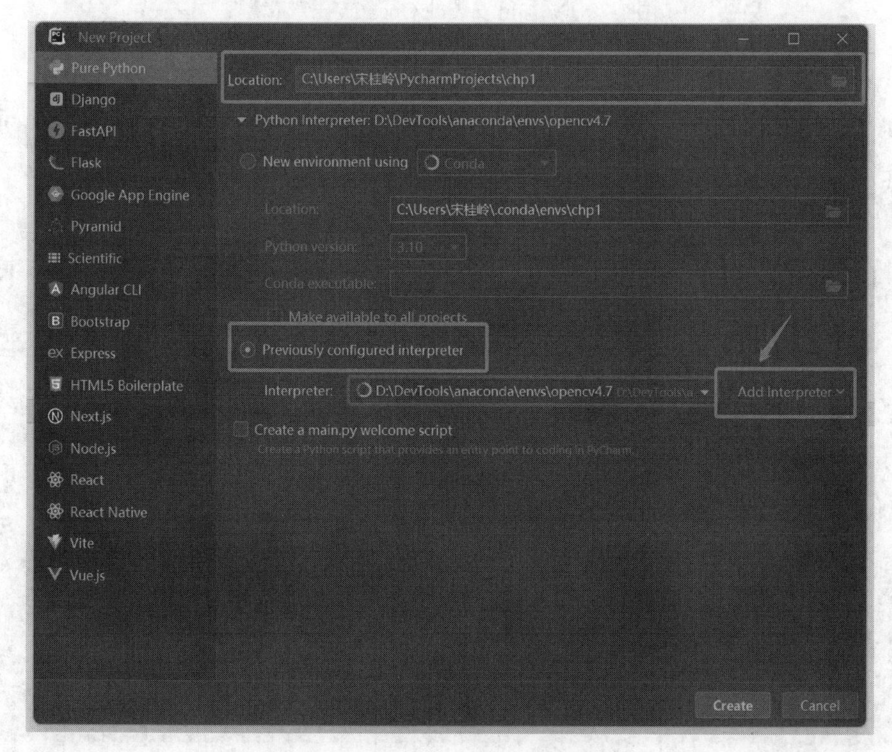

图 1-27　PyCharm 项目创建界面

（3）在弹出的Add Python Interpreter对话框中，在Conda executable中选择1.3.2节创建的Python环境，在已安装的Conda目录下，选择“_conda.exe”可执行文件，如图1-28所示，设置路径为D:\DevTools\anaconda_conda.exe。接下来单击Load Environments按钮，得到已安装的Python环境，在Use existing environment下拉列表框中选择安装的OpenCV 4.7环境即可。配置结束后，单击OK按钮，返回到图1-27所示的创建界面，单击Create按钮即可完成项目创建。

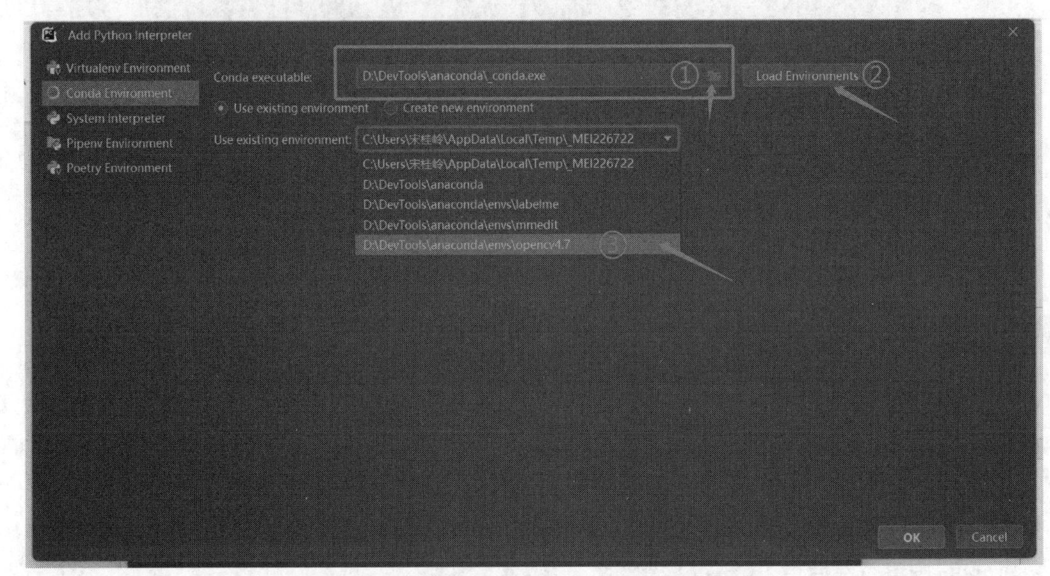

图 1-28　添加已安装的 OpenCV 4.7 环境

（4）创建好的项目主界面如图1-29所示。

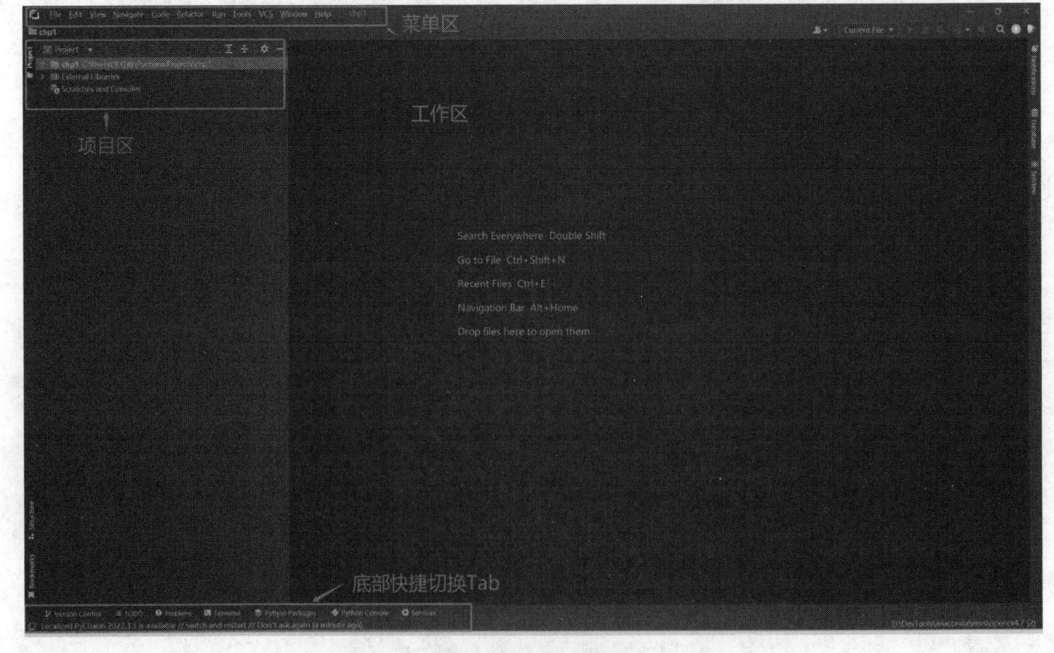

图 1-29　项目主界面

（5）右击项目区的chp1，在弹出的快捷菜单中选择New→Python File命令，添加Python文件，如图1-30所示，文件命名为main.py。

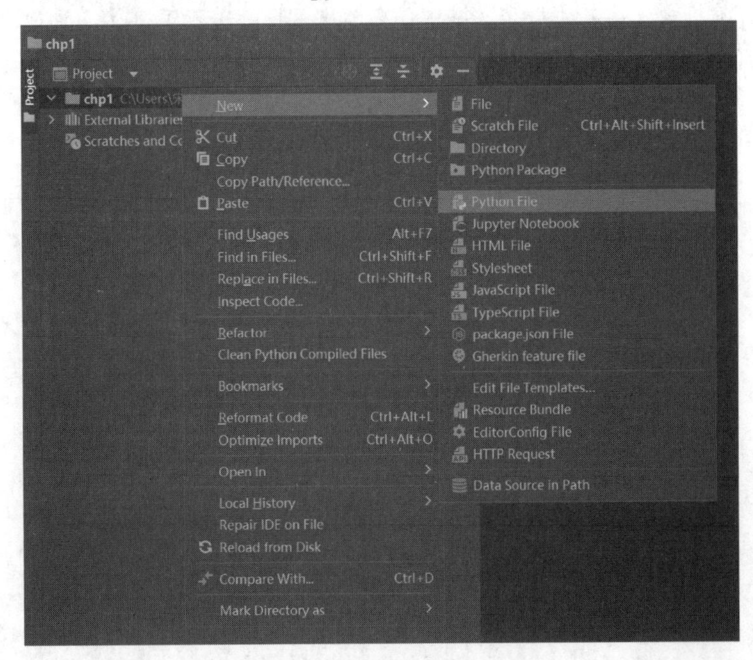

图 1-30　创建 Python 文件

（6）在创建的main.py文件中添加如下代码，单击右上角的“运行”按钮，检查项目是否能按预期执行，如图1-31所示，执行成功后，应在下方控制台输出“4.7.0”。

```
import cv2
print(cv2.__version__)
```

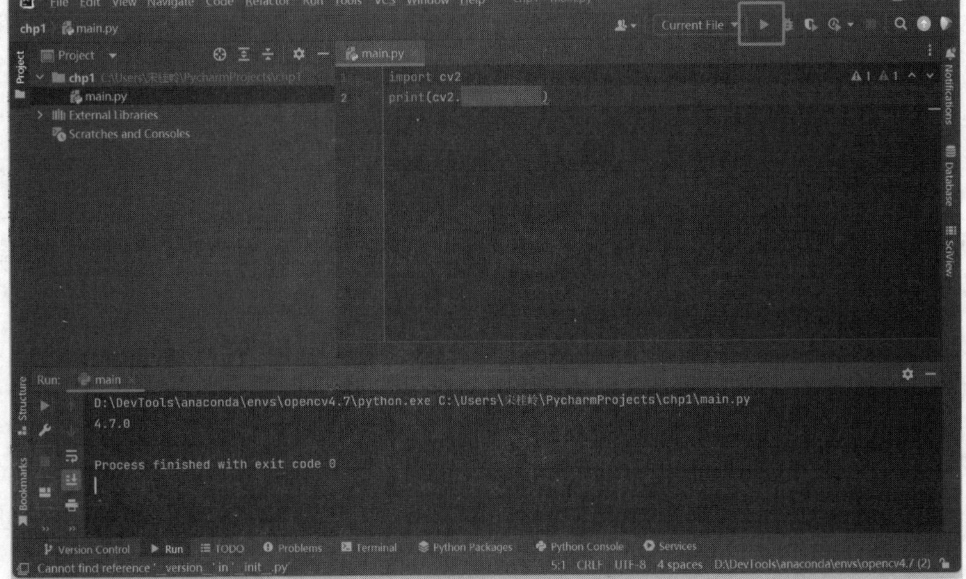

图 1-31　系统运行结果

小　结

本章对计算机视觉的基本概念、基本任务和应用场景进行了概述，并对计算机视觉工具库OpenCV的安装过程进行了详细讲解，进一步地，完成了PyCharm开发工具的安装。

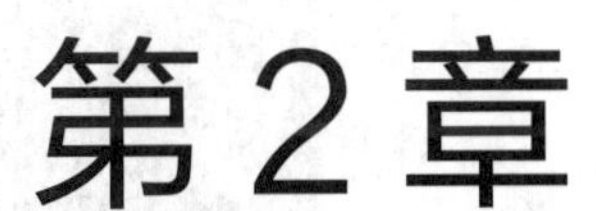

第2章 数字图像基本操作

本章要点

◎图像在OpenCV中的打开与保存

◎数字图像在计算机中的表示方法

◎视频在OpenCV中的打开与保存

◎图像的灰度化、彩色化、兴趣区域选取等基本操作

◎图像的基本几何变换

2.1 数字图像的读取与显示

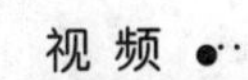

数字图像的读取与显示

图像是人类视觉的基础，是自然景物的客观反映，是人类认识世界和人类本身的重要源泉。“图”是物体反射或透射光的分布，“像”是人的视觉系统所接受的图在人脑中所形成的印象或认识。照片、绘画、剪贴画、地图、书法作品、手写汉字、传真、卫星云图、影视画面、X光片、脑电图、心电图等都是图像，如图2-1（a）、（b）、（c）所示。

（a）照片

（b）绘画

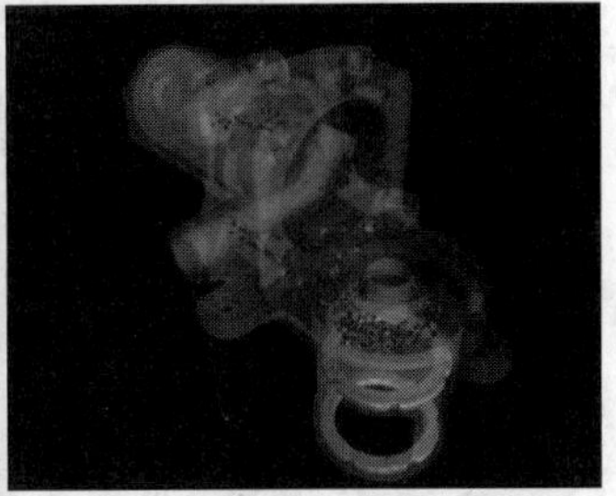
（c）CT 成像

图 2-1　图像实例

自然界中图像在计算机中的表示称为数字图像，可通过以下操作观察数字图像的特点。

（1）下载图像，本节示例代码所用图像见配套资源[①]chp2/data/0000.jpg。

（2）打开PyCharm，按照1.3节的步骤，创建名为chp2的项目，如编者保存路径为C:\Users\sgl\PycharmProjects\ch2，读者可选择自己的文件路径进行保存。

（3）右击项目区的chp2，在弹出的快捷菜单中选择New→Directory命令，添加data文件夹，如图2-2所示。

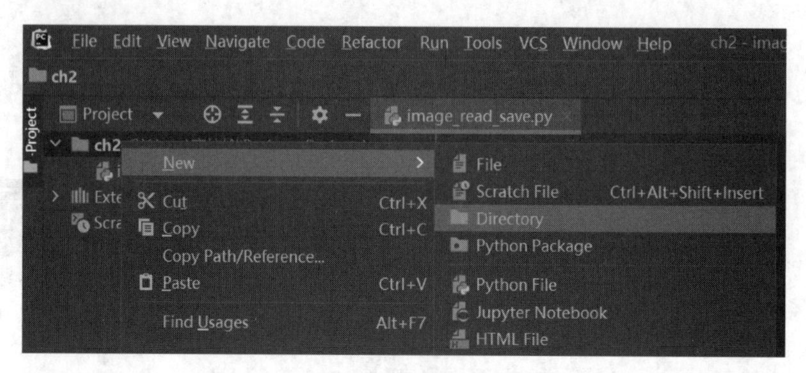

图 2-2　通过右击创建 data 文件夹

（4）添加文件夹后，找到配套资源中的图像0000.jpg，按【Ctrl+C】组合键实现对该图像的复制操作，返回到PyCharm，选中data文件夹，按【Ctrl+V】组合键实现文件的粘贴操作。

（5）创建名为image_read.py的Python文件，输入如下代码：

```
import cv2
img = cv2.imread('data/0000.jpg')
cv2.imshow("img", img)
cv2.waitKey(0)
```

（6）在工作区右击，运行image_read.py，如图2-3所示。

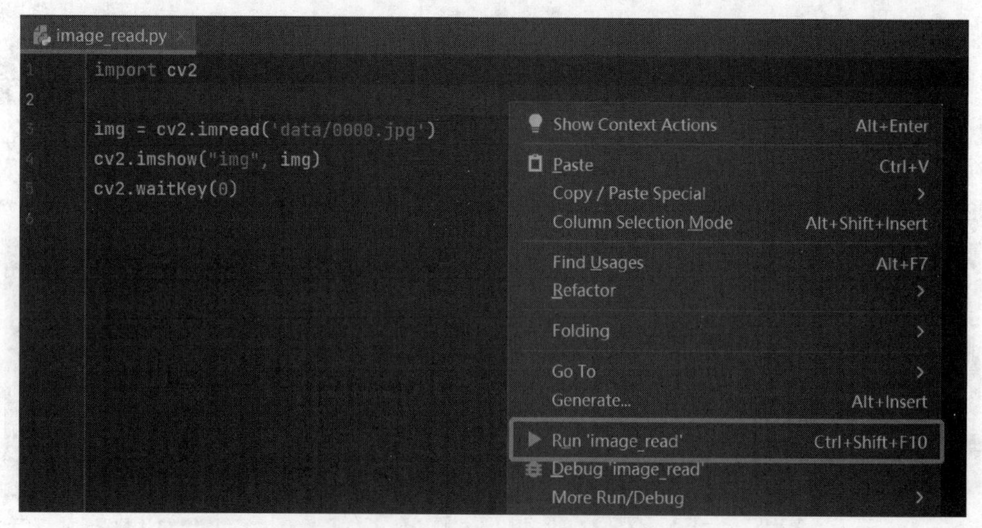

图 2-3　在工作区右击，实现项目运行

① 本书配套资源可登录中国铁道出版社教育资源数字化平台（http://www.tdpress.com/51eds/）下载。

（7）运行后即可显示一张图片，这张图片尺寸较大，如果计算机的分辨率不够的话，图像可能显示不全，因此需要对数字图像进行处理。本书的数字图像处理（digital image processing），是指通过计算机对图像进行去除噪声、增强、复原、分割、提取特征等处理的方法和技术。

（8）按空格键或【Esc】键，退出程序。

在进一步对数字图像进行处理之前，首先介绍一下数字图像在计算机中的表示。

2.2　数字图像在计算机中的表示

视 频

数字图像在计算机中的表示

可以通过以下步骤查看数字图像格式：

（1）创建名为image_info.py的Python文件，输入如下代码：

```
import cv2
img = cv2.imread('data/0000.jpg')
print(img.shape)
```

（2）在工作区右击，运行image_info.py，可以得到如下输出：

```
(1920, 2560, 3)
```

（3）熟悉Python的读者可以知道，以上信息代表img为1 920 × 2 560 × 3大小的数组，在项目data文件夹中找到0000.jpg图片并右击，在弹出的快捷菜单中选择Open In→Explorer命令，即可打开该图片所在的文件夹，如图2-4所示。

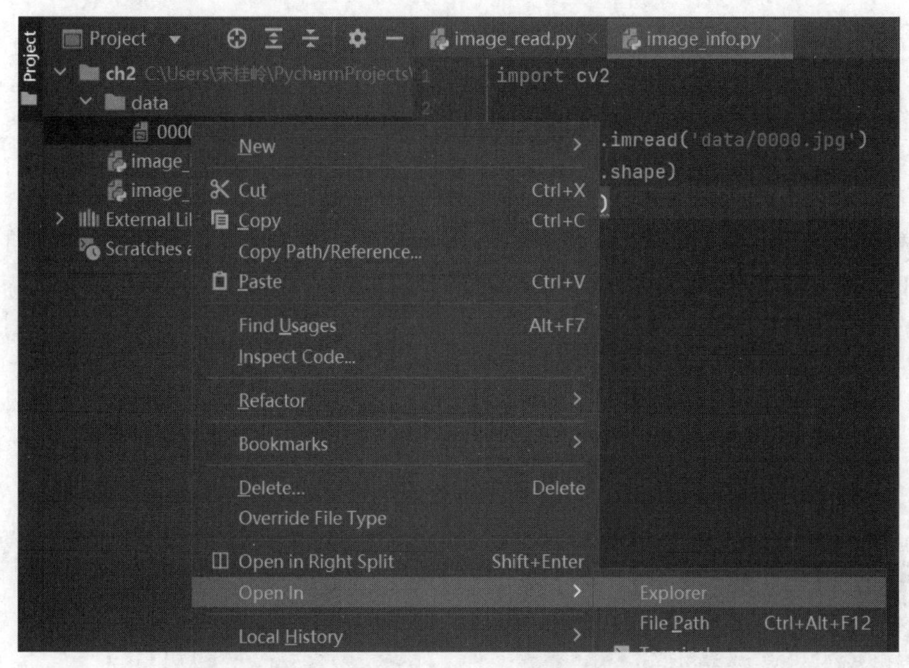

图 2-4　打开图片所在的文件夹

（4）在Windows文件夹中选择该图片并右击，在弹出的快捷菜单中选择“属性”命令，如果在Windows 11操作系统下，需要在快捷菜单中选择“显示更多选项”命令，然后选择

“属性”命令，弹出的对话框如图2-5所示。选择“详细信息”选项卡，可以看到图像大小为2 560像素×1 920像素，位深度为24。这里2 560像素为图像宽度，1 920像素为图像高度，在计算机中，1字节为8位，24/8=3，刚好对应步骤2中(1920, 2560, 3)的大小。

图 2-5　查看图像详细信息

一般地，在计算机中通过矩阵（数组）表示一张图像，通过二维坐标值表示图像元素的位置信息，图像中每个元素称为像素。在OpenCV中，图像原点位于图像的左上角，坐标值(0,0)的点代表图像的第一个元素，x轴向右为正，代表图像的行，y轴向下为负，代表图像的列，数字图像的表示如图2-6所示。

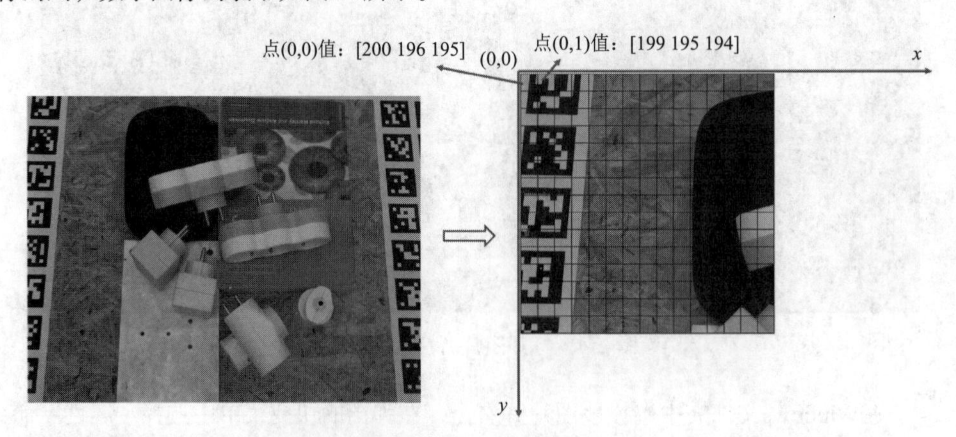

图 2-6　图像的矩阵表示

（5）在image_info.py中继续添加以下代码，验证图2-6的结论。

```
print(img)
```

输出结果如图2-7所示。

```
[[[200 196 195]
  [199 195 194]
  [196 194 194]
  ...
  [192 193 191]
  [196 191 192]
  [195 190 191]]

 [[198 194 193]
  [197 193 192]
  [196 194 193]
  ...
  [152 131 156]
  ...
  [119  98 130]
  [120  99 132]
  [121 100 132]]

 [[ 88  65  97]
  [ 85  62  94]
  [ 86  62  94]
  ...
  [ 65  38  77]
  [ 66  41  79]
  [ 70  45  83]]]
```

图 2-7　img 变量输出值为 1920 × 2560 × 3 数组

（6）进一步地，在image_info.py中添加如下代码：

```
print(img[0,0])
```

输出结果为[200 196 195]，分别代表该点的像素的蓝色、绿色和红色分量值。事实上，显示器显示图像的内容即为红绿蓝三原色的混合，图2-8所示为显示器在电子显微镜下的结果。

同理，可以输出更多点的值，在OpenCV中，用行、列序号索引图像中某个像素值，即img[row,col]中的第一维索引为图像行号，第二维索引为图像列号。例如0000图像，共1920行，2560列，通常称图像分辨率为2560 × 1920，其中2560为图像宽度，1920为图像高度，和OpenCV中的索引顺序不同，在实际编程中需要特别注意。

彩色显示屏在电子显微镜下的放大结果：由蓝、绿、
红三原色根据不同比例加上亮度混合而成

图 2-8　显示器及某个区域在电子显微镜下的放大效果

知识拓展

根据数字图像在计算机中表示方法的不同，分为二进制图像（黑白图像）、灰度图像、RGB图像、索引图像和多帧图像。

1．二进制图像

二进制图像又称二值图像，通常用一个二维数组来描述，1位表示一个像素，组成图像的像素值非0即1，没有中间值，通常0表示黑色，1表示白色，如图2-9所示。二进制图像一般用来描述文字或者图形，其优点是占用空间少，缺点是当表示人物或风景图像时只能描述轮廓。

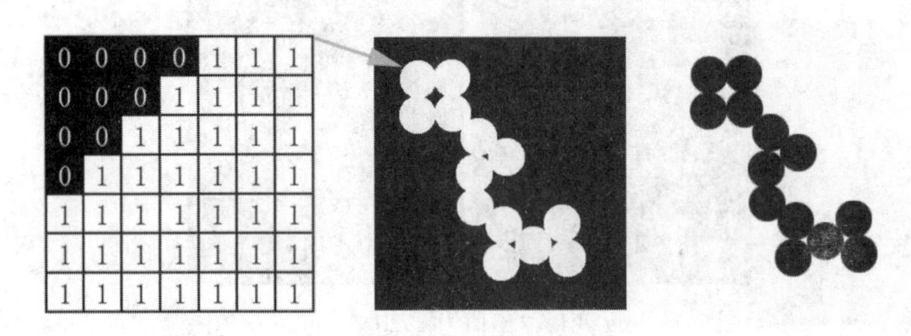

图 2-9　二进制图像

在OpenCV中，二进制图像为0和1组成的二维逻辑矩阵。这两个值分别对应于黑和白，以这种方式操作图像可以更容易识别出图像的结构特征。二进制图像操作只返回与二进制图像的形式或结构有关的信息，如果希望对其他类型的图像进行同样的操作，则首先要将其转换为二进制图像格式，在第5章图像分割中，将详细讲解OpenCV二值化操作。

2．灰度图像

灰度图像又称单色图像，通常也由一个二维数组表示一幅图像，8位表示一个像素，0表示黑色，255表示白色，1～254表示不同的深浅灰色，如图2-10所示。通常灰度图像显示了黑色与白色之间许多级的颜色深度，比人眼所能识别的颜色深度范围要宽得多。

图 2-10　灰度图像

在OpenCV中，灰度图像一般用8位无符号整数表示。无符号整型表示的灰度图像，每个像素在[0,255]范围内取值。

3．RGB图像

RGB色又称真彩色，是一种彩色图像的表示方法，利用三个大小相同的二维数组表示一个像素，三个数组分别代表R、G、B这三个分量，R表示红色，G表示绿色，B表示蓝色，通过三种基本颜色可以合成任意颜色，如图2-11所示，R、G、B又称图像的三个通道。每个像素中的每种颜色分量占8位，每一位由[0, 255]中的任意数值表示，那么一个像素由24位表示，允许的最大值为2^{24}（即1 677 216，通常记为16 M）。

Red

50	48	49	56	62	62
57	50	52	60	64	62
59	51	51	62	66	63
59	51	47	57	63	60

Green

66	64	65	74	80	81
73	66	68	78	82	80
75	67	68	79.	84	80
76	68	65	74	80	77

Blue

4	1	1	0	1	1
8	1	2	6	7	4
8	1	1	8	11	7
7	2	0	6	10	7

图 2-11　RGB 图像

在OpenCV中，RGB图像存储为一个“行数 × 列数 × 3”的多维数据矩阵，其中单个元素为8位无符号数。

4．索引图像

索引图像是一种把像素值直接作为RGB调色板下标的图像，索引图像包含一个数据矩阵和一个颜色映射（调色板）矩阵，索引图像如图2-12所示。.

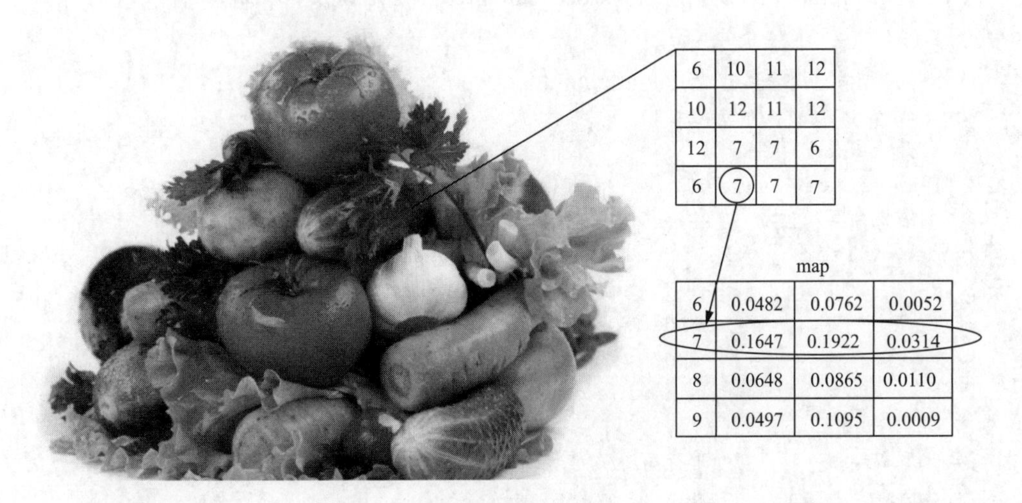

6	10	11	12
10	12	11	12
12	7	7	6
6	7	7	7

map

6	0.0482	0.0762	0.0052
7	0.1647	0.1922	0.0314
8	0.0648	0.0865	0.0110
9	0.0497	0.1095	0.0009

图 2-12　索引图像

5. 多帧图像

多帧图像是一种包含多幅图像或帧的图像文件，又称多页图像或图像序列，主要用于需要对时间或场景上相关图像集合进行操作的场合。例如，X射线计算机断层图像或gif格式图像等，如图2-13所示。

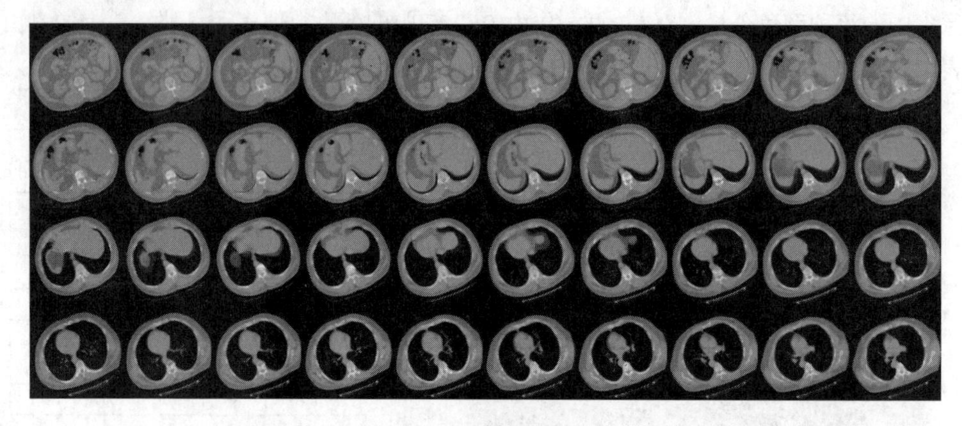

图 2-13　多帧图像

2.3　视频采集与存储

视 频

视频采集与存储

除了可以读取图像，OpenCV还可以利用摄像头采集视频。视频是一组图像的集合，连续的图像变化每秒超过24帧（frame）画面以上时，根据视觉暂留原理，人眼无法辨别单幅的静态画面，看上去是平滑连续的视觉效果，这样连续的画面称为视频。

下面实现打开笔记本的摄像头，完成视频录制，并将视频中的图像帧分离出来单独处理，具体步骤如下：

（1）在项目chp2中继续创建名为video_capture.py的Python文件，输入如下代码：

```
import cv2
# 创建显示视频的窗口
cv2.namedWindow('Video')
# 打开摄像头
video_capture = cv2.VideoCapture(0)
# 创建视频写入对象
video_writer = cv2.VideoWriter('data/test.mp4',
                    cv2.VideoWriter_fourcc(*"mp4v"),
                    video_capture.get(cv2.CAP_PROP_FPS),
                    (int(video_capture.get(cv2.CAP_PROP_FRAME_WIDTH)),
                    int(video_capture.get(cv2.CAP_PROP_FRAME_HEIGHT))))

# 读取视频帧，对视频帧进行高斯模糊，然后写入文件并在窗口显示
success, frame = video_capture.read()
while success and not cv2.waitKey(1) == 27:
    blur_frame = cv2.GaussianBlur(frame, (3, 3), 0)
```

```
    video_writer.write(blur_frame)
    cv2.imshow("Video", blur_frame)
    success, frame = video_capture.read()
# 回收资源
cv2.destroyWindow('Video')
video_capture.release()
```

（2）运行video_capture.py，可以得到图2-14所示的输出。

图 2-14　OpenCV 中利用笔记本计算机摄像头进行视频录制

（3）查看chp2项目下的data文件夹，可以看到生成名为test.mp4的视频文件，可以用Windows自带或第三方播放器打开。

2.4　图像基本操作

本节通过代码完成图像的基本操作，了解图像的一些特征，首先在chp2项目中创建名为image_operations.py的Python文件，在该文件中，完成图像像素读取、缩放、兴趣区域选择（ROI）、边框填充、颜色空间转换等操作。

2.4.1　图像像素操作

视 频

图像基本操作1

通过如下步骤完成图像像素操作：

（1）打开创建好的image_operations.py文件，输入如下代码：

```
import cv2
img = cv2.imread('data/0000.jpg')
red = img[0, 0, 2]
print(red)
```

运行以上代码，得到的输出结果为195，即位于第1行第1列像素的红色分量为195，这里需要注意，OpenCV彩色像素是按照BGR的顺序排列，而不是通常的RGB。

（2）继续添加如下代码，进行像素读取的快捷操作：

```
#读取红色分量值
print(img[10, 5, 2])
print(img.item(10, 5, 2))
#修改红色分量值
img.itemset((10, 5, 2), 100)
print(img.item(10, 5, 2))
```

利用img.item()等函数操作像素的方法，执行效率并不高。在OpenCV中，像素操作本质上是基于NumPy矩阵运算库，可以通过调用NumPy中单个元素访问方法，如img[10, 5, 2]=100，来加速像素操作。

运行步骤2的代码，得到的输出结果为“194 194 100”，可见通过.item()方法和直接数组索引都可以访问到特定行列的像素值。这里访问的是第11行第6列的像素。通过.itemset()方法可以设置具体的像素值。

2.4.2 图像兴趣区域选取

在进行图像检测、目标识别等计算机视觉任务时，一般只对图像中某些区域进行操作，因此，需要实现图像兴趣区域（region of interest，ROI）的选取，继续在image_operations.py中添加如下代码，完成相关操作任务：

```
#获取图像中图书区域
book = img[2:1247, 1230:2145]
cv2.imshow("book", book)
cv2.waitKey(0)
```

运行以上代码，得到图2-15所示的结果。

图 2-15　图像兴趣区域的选取

继续输入如下代码，查看兴趣图像信息，得到的结果为(1245, 915, 3)。

```
print(book.shape)
```

截取的图像兴趣区域book和原始图像一样，在OpenCV中可以调用相同的操作函数。

2.4.3　图像通道操作

继续在image_operations.py中添加以下代码，实现图像蓝色、绿色和红色单个通道的选取。

```
#读取蓝色通道，最后一个值为 0
b = book[:, :, 0]
#读取绿色通道，最后一个值为 1
g = book[:, :, 1]
#读取红色通道，最后一个值为 2
r = book[:, :, 2]
#分别显示
cv2.imshow("b", b)
cv2.imshow("g", g)
cv2.imshow("r", r)
cv2.waitKey()
cv2.destroyAllWindows()
```

运行代码，三个图像通道如图2-16（a）、（b）、（c）所示。

（a）B 通道

（b）G 通道

（c）R 通道

图 2-16　图像通道

以上操作还可通过b,g,r = cv2.split(book)代码实现，在C++中这种用法较多，但是在Python中以上代码执行效率较低。图像的合并可以通过book = cv2.merge((b,g,r))代码实现，代码如下：

```
b, g, r = cv2.split(book)             #图像通道分离
book2 = cv2.merge((b, g, r))          #图像通道合并
cv2.imshow("book2", book)
cv2.waitKey()
cv2.destroyAllWindows()
```

2.4.4 颜色空间转换

在数字图像中，存在不同颜色空间类型，有RGB色彩空间、Gray（灰度）色彩空间、XYZ色彩空间、YCrCb色彩空间、HSV色彩空间、HLS色彩空间、Bayer色彩空间等。其中一些不同的颜色空间有不同用途，简述如下：

1. 灰度色彩空间

视 频

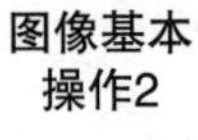

图像基本操作2

Gray通常指8位灰度图，像素取值范围为[0-255]，当图像由RGB色彩空间转换为Gray色彩空间时，其处理方法如下：

$$Gray=0.299 \times R+0.587 \times G+0.114 \times B$$

当Gray色彩空间转换成RGB色彩空间时，则

$$R=Gray$$

$$B=Gray$$

$$G=Gray$$

2. YCrCb色彩空间

人眼对颜色敏感度要低于对亮度的敏感度，在传统的RGB色彩空间，RGB三原色具有相同的重要性，相当于忽略了亮度信息。在YCrCb色彩空间中，Y代表光源的亮度，色彩信息保存在Cr（红色分量信息）和Cb（蓝色分量信息）中。

3. HSV色彩空间

HSV是一种面向视觉感知的颜色模型。它从心理学和视觉的角度出发，指出人眼的色彩知觉主要包涵三要素：色调（hue）、饱和度（saturation）、亮度（value）。HSV色彩空间较为重要，下面进行详细讲解。

HSV色彩空间模型如图2-17所示。

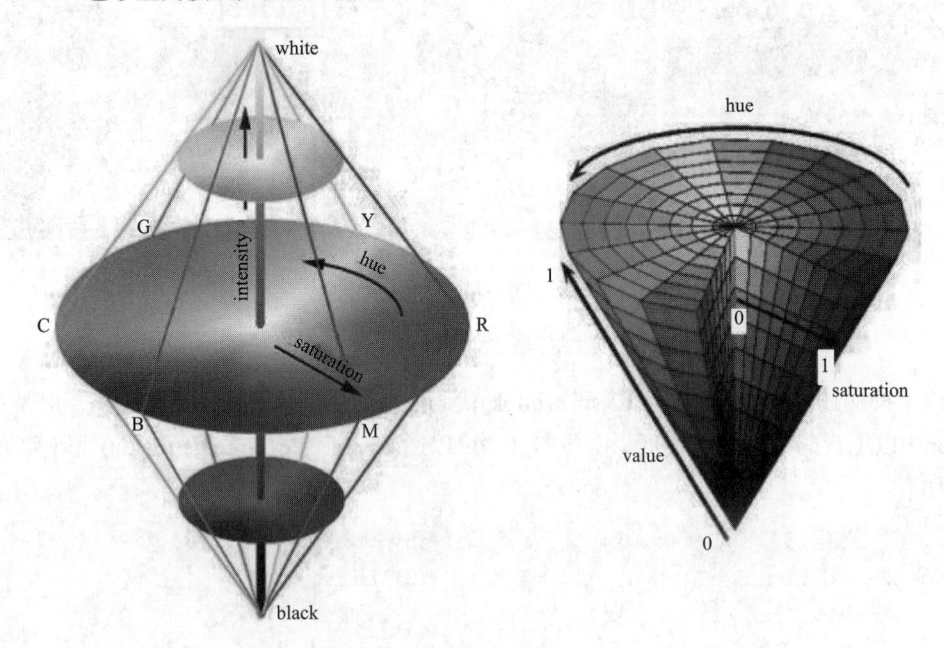

图 2-17　HSV 色彩空间

具体通道意义如下：

色调（H, hue）：在HSV色彩空间中，色调H的取值范围用角度度量，为0°～360°，如果是灰度图，则H为0。从红色开始按逆时针方向计算，红色为0°，绿色为120°，蓝色为240°。它们的补色是：黄色为60°，青色为180°，紫色为300°。为了能够在1字节内存储，OpenCV把它的取值范围映射到[0,180]，其中：

0：红色；

30：黄色；

60：绿色；

90：青色；

120：蓝色；

150：品红色。

饱和度（S, saturation）：表示颜色接近光谱色的程度，取值范围为[0,1]。一种颜色，可以看成是某种光谱色与白色混合的结果。其中光谱色所占的比例越大，颜色接近光谱色的程度就越高，颜色的饱和度也就越高。饱和度高，颜色则深而艳。光谱色的白光成分为0，饱和度达到最高。通常取值范围为0%～100%，值越大，颜色越饱和。

灰度颜色所包含的R、G、B的成分相同相当于一种极不饱和的颜色。所以灰度颜色的饱和度为0。

同样为了适应1字节的存储空间，OpenCV把其取值范围从[0,1]映射到[0，255]。

亮度（V, value）：亮度表示颜色明亮的程度，对于光源色，亮度值与发光体的光亮度有关；对于物体色，此值和物体的透射比或反射比有关。通常取值范围为0%（黑）到100%（白）。

4．HLS色彩空间

色彩空间为色调H（hue）、光亮度L（lightness）、饱和度S（saturation），与HSV类似。

5．Bayer色彩空间

被广泛应用于CCD和CMOS相机。

不同的色彩空间都有其擅长处理的区域。所以就有了转换的需求。在image_operations.py中添加如下代码，完成彩色图像到灰色图像的转换：

```
#颜色空间转换
book_gray = cv2.cvtColor(book, cv2.COLOR_BGR2GRAY)
cv2.imshow("book_gray", book_gray)
cv2.waitKey()
cv2.destroyAllWindows()
```

2.4.5　图像边框的填充

可以给图像周围加上边框效果，具体操作步骤如下：

（1）在Windows开始菜单中找到Anaconda Prompt图标，进入Anaconda控制台，输入如下指令，进入到OpenCV 4.7虚拟环境。

```
conda activate opencv4.7
```

（2）执行以下指令，安装matplotlib图表绘制包。

```
pip install matplotlib
```

（3）返回到PyCharm，在image_operations.py中继续添加如下代码。

```
from matplotlib import pyplot as plt
RED = [255, 0, 0]
img1 = img[1188:1455, 1725:2022]
replicate = cv2.copyMakeBorder(img1, 10, 10, 10, 10, cv2.BORDER_REPLICATE)
reflect = cv2.copyMakeBorder(img1, 10, 10, 10, 10, cv2.BORDER_REFLECT)
reflect101 = cv2.copyMakeBorder(img1, 10, 10, 10, 10, cv2.BORDER_
REFLECT_101)
wrap = cv2.copyMakeBorder(img1, 10, 10, 10, 10, cv2.BORDER_WRAP)
constant = cv2.copyMakeBorder(img1, 10, 10, 10, 10, cv2.BORDER_
CONSTANT, value=RED)
plt.subplot(231), plt.imshow(img1, 'gray'), plt.title('ORIGINAL')
plt.subplot(232), plt.imshow(replicate, 'gray'), plt.title('REPLICATE')
plt.subplot(233), plt.imshow(reflect, 'gray'), plt.title('REFLECT')
plt.subplot(234), plt.imshow(reflect101, 'gray'), plt.title('REFLECT_101')
plt.subplot(235), plt.imshow(wrap, 'gray'), plt.title('WRAP')
plt.subplot(236), plt.imshow(constant, 'gray'), plt.title('CONSTANT')
plt.show()
```

输出结果如图2-18所示，展示了不同边框效果。其中cv2.copyMakeBorder()函数的参数列表如下：

① src：输入图像。

② top，bottom，left，right：边界宽度（以对应方向的像素数为单位）。

③ borderType：定义要添加的边框类型的标志。它可以是以下类型：

- cv.BORDER_CONSTANT：添加一个不变的彩色边框。该值应作为下一个参数给出。
- cv.BORDER_REFLECT：边界将是边界元素的镜像反射。示意如下：

```
fedcba|abcdefgh|hgfedcb
```

- cv.BORDER_REFECT_101或cv.BORDER_DEFAULT：与上述相同，但略有变化。示意如下：

```
gfedcb|abcdefgh|gfedcba
```

- cv.BORDER_REPICATE：最后一个元素被复制到各处。示意如下：

```
aaaaa|abcdefgh|hhhhhhh
```

- cv.BORDER_WRAP：表示通过环绕方式填充边界。示意如下：

```
cdefgh | abcdefgh |abcdefg
```

④ value：边框类型为cv.border_CONSTANT时，该参数用来设置边框颜色。

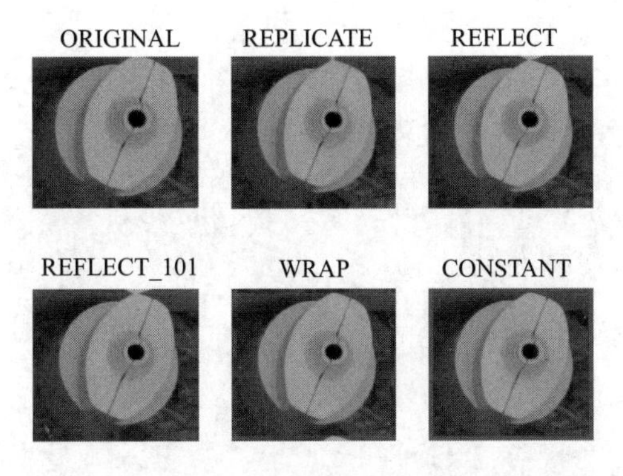

图 2-18　OpenCV 添加不同边框效果的展示

2.5　图像的几何变换

本节通过代码实战完成图像的几何变换操作，包括缩放、平移、旋转、仿射、错切和透视变换等。下面讲述几种常用的几何变换，更多变换操作可参考OpenCV官网相应内容。

首先在chp2项目中创建名为image_ geometric_trans.py的Python文件，然后进行如下操作。

2.5.1　图像的缩放

在image_geometric_trans.py中添加如下代码，实现图像的缩放。

```
import cv2

img = cv2.imread('data/0000.jpg')
#获取图像宽度和高度，注意OpenCV矩阵索引第一维为行（高度），第二维为列（宽度）
height, width = img.shape[:2]

#图像缩放四分之一大小
res1 = cv2.resize(img, (int(width / 4), int(height / 4)), interpolation=
cv2.INTER_CUBIC)
cv2.imshow('resize1', res1)
#第二种缩放方式，fx为横轴缩放比例，fy为纵轴缩放比例
res2 = cv2.resize(img,dsize=None, fx=0.25, fy=0.25, interpolation=
cv2.INTER_CUBIC)
cv2.imshow('resize2', res2)
cv2.waitKey(0)
cv2.destroyAllWindows()
```

在代码窗口中右击，在弹出的快捷菜单中选择Run 'image_geometric_trans.py'命令，运行结果如图2-19所示。

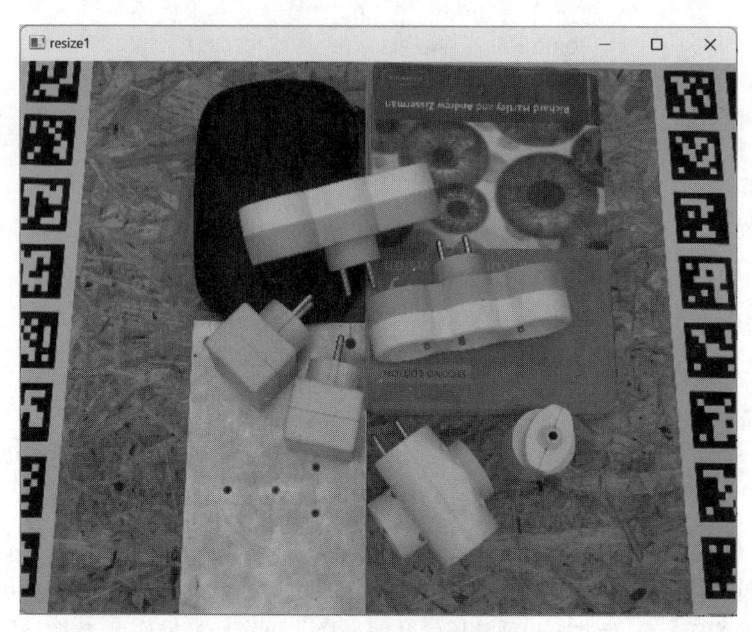

图 2-19 图像缩放运行结果

这里cv2.resize()中interpolation参数的意思为插值，当图像缩放时，假设为放大操作，则图像的像素之间出现了空隙，填充空隙的方法称为插值。

interpolation参数取值说明如下：

CV_INTER_NN表示最近邻插值；CV_INTER_LINEAR表示双线性插值（默认使用）；CV_INTER_AREA表示使用像素关系重采样，当图像缩小时，该方法可以避免波纹出现，当图像放大时，类似于CV_INTER_NN；CV_INTER_CUBIC表示立方插值。

2.5.2 图像的平移

图像平移是将图像中所有像素点按照给定的平移量进行水平或垂直方向的移动。假设原始像素的位置坐标为(x_0,y_0)，经过平移量$(\Delta x,\Delta y)$后，坐标变为(x_1,y_1)，对应关系为

$$x_1=x_0+\Delta x$$

$$y_1=y_0+\Delta y$$

对应的变换矩阵为

$$\boldsymbol{M}=\begin{bmatrix}1 & 0 & \Delta x\\ 0 & 1 & \Delta y\end{bmatrix}$$

可以用cv2.warpAffine()函数实现图像的几何变换，对于平移变换，需要构建一个变换矩阵，例如，让图像沿x轴平移100，沿y轴平移50，可以通过在image_ geometric_trans.py中添加如下代码实现，这里对缩放后的结果进行进一步操作：

```
#导入矩阵库NumPy
import numpy as np
#读取行、列信息
rows, cols = res1.shape[:2]
```

```
#构建变换矩阵
M = np.float32([[1, 0, 100], [0, 1, 50]])
#位移操作
translate = cv2.warpAffine(res1, M, (cols, rows))

cv2.imshow('translate', translate)
cv2.waitKey(0)
cv2.destroyAllWindows()
```

以上代码需要注意的是，cv. warpAffine()函数的第三个参数是输出图像的大小，其形式应为“(宽度,高度)”，需要记住OpenCV中width=列数，height=行数。

运行程序，显示结果如图2-20所示。

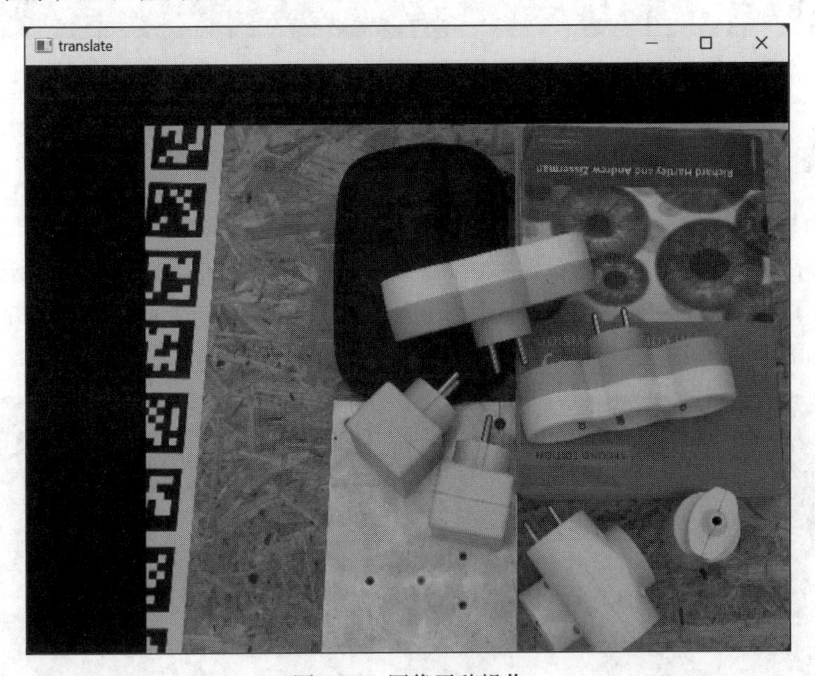

图 2-20　图像平移操作

2.5.3　图像的旋转

在OpenCV中，可以通过cv2.getRotationMatrix2D()函数获取图像的旋转矩阵，然后调用cv2.warpAffine()函数实现图像的旋转。例如，下面代码实现了绕图像中心点逆时针旋转90° 的操作：

```
#构建旋转矩阵，这里cols-1和rows-1是图像坐标值上限
M = cv2.getRotationMatrix2D(((cols - 1) / 2.0, (rows - 1) / 2.0), 90, 1)
rotate = cv2.warpAffine(res1, M, (cols, rows))
cv2.imshow('rotate', rotate)
cv2.waitKey(0)
cv2.destroyAllWindows()
```

运行程序，显示结果如图2-21所示。

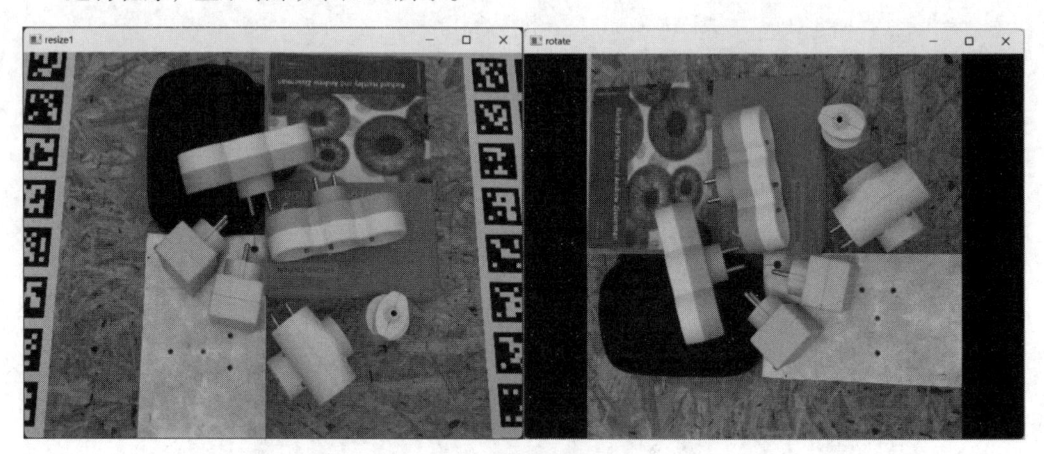

图 2-21　图像的旋转操作

2.5.4　图像的透视变换

因为计算机摄像头存在近大远小的透视关系，因此图像透视变换在计算机视觉中是一种常见的数字图像处理手段。例如，图2-22（a）所示为透视图，由于拍摄角度问题，图片发生了变形，通过对四个角的定位，可以将图片还原为自顶向下的正视图效果，如图2-22（b）所示。

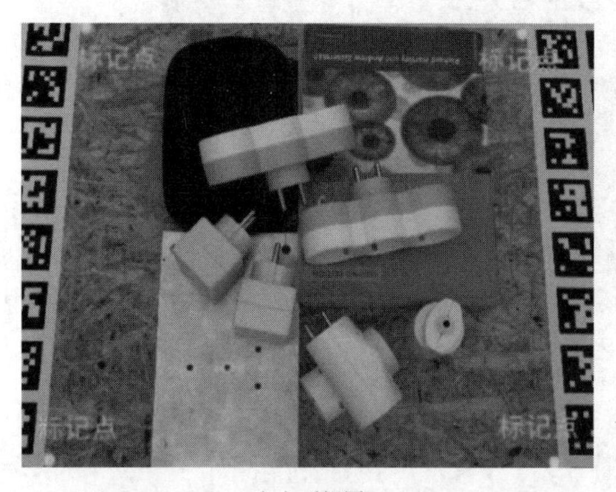

（a）透视图

（b）正视图效果

图 2-22　透视变换操作

对应代码如下：

```
#存储res1.jpg，方便进行标定
cv2.imwrite("data/res1.jpg", res1)
#透视变换对应关系
pts1 = np.float32([[69, 0], [563, 8], [25, 479], [601, 479]])
pts2 = np.float32([[0, 0], [576, 0], [0, 479], [576, 479]])
M = cv2.getPerspectiveTransform(pts1, pts2)
```

```
warp_persp = cv2.warpPerspective(res1, M, (576, 479))
#存储变形后图像
cv2.imwrite("data/warp_persp.jpg", warp_persp)
#显示图像
cv2.imshow('perspective', warp_persp)
cv2.waitKey(0)
cv2.destroyAllWindows()
```

项目实战　基于颜色的目标追踪

视 频

基于颜色的目标追踪

下面通过一个纯色小球追踪的综合实例，完成第一部分内容，具体过程为：

（1）拍摄视频的每一帧。

（2）从BGR转换为HSV色彩空间。

（3）将HSV图像设置为蓝色范围的阈值。

（4）提取蓝色物体进行追踪。

创建名为color_tracking.py的文件，输入代码如下：

```
import cv2
import numpy as np
#读取摄像头
cap = cv2.VideoCapture(0)
while (1):
    #获取图像帧
    _, frame = cap.read()
    #颜色空间转换：BGR to HSV
    hsv = cv2.cvtColor(frame, cv2.COLOR_BGR2HSV)
    #在HSV空间中定义追踪的颜色阈值范围
    lower_blue = np.array([110, 50, 50])
    upper_blue = np.array([130, 255, 255])
    #获取符合阈值的图像掩码
    mask = cv2.inRange(hsv, lower_blue, upper_blue)
    #通过掩码运算从原图像上获取目标区域
    res = cv2.bitwise_and(frame, frame, mask=mask)
    cv2.imshow('frame', frame)
    cv2.imshow('mask', mask)
    cv2.imshow('res', res)
    k = cv2.waitKey(5) & 0xFF
    if k == 27:
        break
cv2.destroyAllWindows()
```

运行结果如图2-23所示，可以尝试修改阈值，得到想要追踪的颜色。

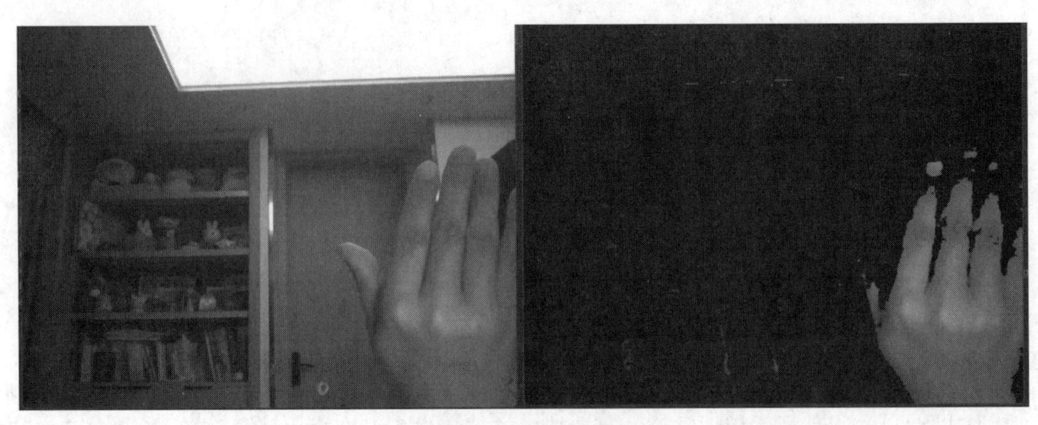

图 2-23　颜色追踪效果

其中的bitwise_and()函数是OpenCV中的一种抠图方式，通过图像值为[0,1]的二值掩码mask图像，可以从图像中获取感兴趣的内容，并将结果保存在新的图像数组中。

通过综合实战案例可以发现，仅靠颜色这个单一特征，很难做到完美的目标追踪，因此在计算机视觉中的一个核心任务就是如何更好地表示物体的特征，能让兴趣目标从背景中分离出来，也是接下来要学习的内容。

小　结

本章介绍了数字图像的概念及表示形式，通过代码实战了图像、视频的存储与保存，图像像素、兴趣区域选取、通道变换、颜色空间变换等基本图像操作，并进一步介绍了图像几何变换的相关知识，实现了部分几何变换方法，最终完成了一种基于颜色的目标追踪方法，可以看出，仅仅基于图像颜色，不能完成兴趣目标的追踪，后面将通过更多的特征实现目标检测。

第 2 部分

图像增强实战

本部分主要介绍图像增强的一般方法，包括图像平滑、边缘锐化、边缘提取、图像轮廓提取等内容。

学习目的

◎掌握图像滤波的概念及方法

◎掌握二值图像的生成方法

◎掌握图像梯度的概念

◎掌握图像边缘提取的方法

◎掌握直方图的概念

◎掌握提升图像亮度、对比度等图像增强方法

◎图像增强在工业场景下的实战

第3章 数字滤波操作

本章要点

◎图像噪声的概念

◎图像滤波与图像卷积

◎图像平滑降噪

◎图像边缘提取

3.1 图像噪声

由于电磁干扰、环境光线、传输信道等问题，导致从传感器获得的数字图像质量不佳，这对后续图像处理和图像视觉应用将产生不利影响。此类导致图像质量下降的干扰因素称为噪声。图3-1所示为一种获取图像期间由电气或机电干扰产生的周期噪声。

视频

图像噪声

图 3-1 周期噪声图例

下面通过代码的形式，人工为图像添加几种常见噪声，以便让学生认识噪声的类别。

（1）按照前面两章的方法，使用PyCharm创建一个名为chp3的Python项目。

（2）创建名为data的文件夹，把配套资源中的code/chp3/data/0499.jpg复制到data文件夹中。

（3）创建名为add_noise.py的Python文件。

（4）输入如下代码：

```
from skimage.util import random_noise
import cv2
import numpy as np
from matplotlib import pyplot as plt
```

由于之前没有安装scikit-image库，这里在PyCharm中有红色波浪线的提示。scikit-image是基于scipy的一款图像处理包，它将图片作为NumPy数组进行处理，是非常好的数字图像处理工具。其全称是scikit-image SciKit（toolkit for SciPy），对scipy.ndimage进行了扩展，提供了更多的图片处理功能。可以将鼠标指针移动到skimage代码下，让PyCharm帮自己解决报错问题，如图3-2所示。

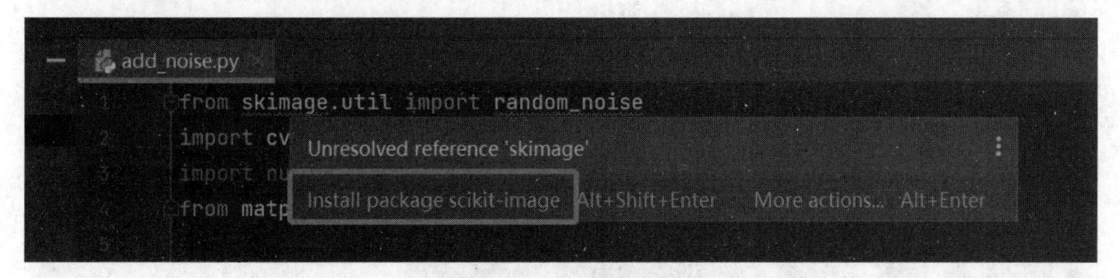

图 3-2　利用 PyCharm 安装 scikit-image 包

也可以打开Anaconda Prompt控制台，通过以下命令安装：

```
conda activate opencv4.7
pip install scikit-image
```

（5）继续输入如下代码，完成噪声添加：

```
img = cv2.imread("data/0499.jpg")
img = cv2.resize(img, dsize=None, fx=0.10, fy=0.10, interpolation=cv2.
INTER_CUBIC)
img = cv2.cvtColor(img, cv2.COLOR_BGR2GRAY)

snoise_img = random_noise(img, mode='salt', amount=0.05)    #盐噪声
pnoise_img = random_noise(img, mode='pepper', amount=0.05)  #椒噪声
spnoise_img = random_noise(img, mode='s&p', amount=0.05)    #椒盐噪声
guassian_img = random_noise(img, mode='gaussian')           #高斯噪声
speckle_img = random_noise(img, mode='speckle')
                                              #speckle均匀噪声/斑点噪声
#解决plt中文显示问题
```

```
plt.rcParams['font.sans-serif'] = ['SimHei']
plt.rcParams['font.size'] = 30
#全局设置输出图片大小1920像素×1080像素
plt.rcParams['figure.figsize'] = (19.2, 10.8)
imgs = [img, snoise_img, pnoise_img, spnoise_img, guassian_img, speckle_img]
titles = ["原始图像", "盐噪声", "椒噪声", "椒盐噪声", "高斯噪声", "斑点噪声"]

for i in range(6):
    img0 = plt.subplot(2, 3, i + 1)
    img0.set_title(titles[i])
    plt.imshow(imgs[i], cmap="gray")
    plt.xticks([])
    plt.yticks([])

plt.show()
cv2.waitKey(0)
```

（6）右击代码窗口，运行add_noise.py程序，得到图3-3所示的输出结果，程序执行后，可以放大图片，仔细观察不同噪声的特点。

图 3-3　不同种类的噪声

（7）通过在代码行前添加“#”号，注释步骤（4）中第三行代码后运行程序，观察彩色图像下的噪声表现：

```
# img = cv2.cvtColor(img, cv2.COLOR_BGR2GRAY)
```

下面对椒盐噪声、高斯噪声和斑点噪声进行简单介绍。

1. 椒盐噪声

椒盐噪声（salt-and-pepper noise）又称脉冲噪声，是数字图像的一个常见噪声，它是一种随机出现的白点或者黑点。椒盐噪声是指两种噪声，一种是盐噪声（salt noise），另一种是椒噪声（pepper noise）。前者是高灰度噪声，后者属于低灰度噪声。一般两种噪声同时出现，呈现在图像上就是黑白杂点。观察图3-3，添加了盐噪声后的图像有很多白点，添加椒噪声后的图像有很多黑点，而添加椒盐噪声的图像有很多黑白相间的点。

2．高斯噪声

高斯噪声（gauss noise）是指它的概率密度函数服从高斯分布（即正态分布）的一类噪声。相比于椒盐噪声是出现在随机位置、噪点深度值（黑或白）基本固定的噪声，高斯噪声是几乎在图像的每个点上都出现噪声，且噪点深度值随机。

3．斑点噪声

斑点噪声（speckle noise）又称散斑噪声。散斑实际上是一种波的干涉现象，散斑干涉是一种颗粒干涉，它固有地存在于有源雷达、合成孔径雷达、医学超声和光相干中，并降低了断层扫描图像的质量。斑点噪声看起来像老式模拟电视机上的雪噪声，在图像上表现为信号相关的小斑点，它既降低了图像的画面质量，又严重影响图像的自动分割、分类、目标检测以及其他定量专题信息的提取。

3.2 图像滤波

图像滤波即在尽量保留图像细节特征的条件下对目标图像的噪声进行抑制，是图像预处理中不可缺少的操作，其处理效果的好坏将直接影响到后续图像处理和分析的有效性和可靠性。

视 频

图像滤波

图像滤波按图像域可分为邻域滤波和频域滤波两种类型：

1．邻域滤波

邻域滤波（spatial domain filter），其本质是数字窗口上的数学运算。一般用于图像平滑、图像锐化、特征提取（如纹理测量、边缘检测）等，邻域滤波使用邻域算子——利用给定像素周围像素值以决定此像素最终输出的一种算子。邻域滤波方式又分为线性滤波和非线性滤波，其中线性滤波包括均值滤波、方框滤波和高斯滤波等，非线性滤波包括中值滤波和双边滤波等。

邻域滤波一般通过当前像素与周期像素进行加权平均来实现，如图3-4所示。

45	60	98	127	132	133	137	133
46	65	98	123	126	128	131	133
47	65	96	115	119	123	135	137
47	63	91	107	113	122	138	134
50	59	80	97	110	123	133	134
49	53	68	83	97	113	128	133
50	50	58	70	84	102	116	126
50	50	52	58	69	86	101	120

$f(x, y)$

×

0.1	0.1	0.1
0.1	0.2	0.1
0.1	0.1	0.1

$h(x, y)$

=

69	95	116	125	129	132
68	92	110	120	126	132
66	86	104	114	124	132
62	78	94	108	120	129
57	69	83	98	112	124
53	60	71	85	100	114

$g(x, y)$

图3-4 滤波示意图

其中，$h(x,y)$的总和为1，$g(x,y)$中某像素的计算公式为

$$g(i,j)=\sum_{k,l}f(i+k,j+l)h(k,l)$$

上式可以简记为

$$g=f\otimes h$$

式中，h称为“滤波系数”，这种特殊的乘法操作称为卷积，因此h又称卷积核。所以图像滤波又称图像卷积操作，深度学习中的卷积神经网络因此得名。

2．频域滤波

频域滤波（frequency domain filter），其本质是对像素频率的修改。一般用于降噪、重采样、图像压缩等。按图像频率滤除效果主要分为两种类型：低通滤波（滤除原图像的高频成分，即模糊图像边缘与细节）和高通滤波（滤除原图像的低频成分，即图像锐化）。

3.3 邻域平滑滤波

视 频

邻域平滑滤波-结果可视化

消除图像噪声的方法称为图像平滑，由于图像噪声一般为图像的高频部分，因此图像平滑又称图像低通滤波。下面通过调用OpenCV中的函数实现不同邻域平滑算法。

（1）在chp3项目中创建一个名为img_smooth的Python文件。

（2）输入如下代码：

```
import cv2
import matplotlib.pyplot as plt

#输入图像
img = cv2.imread('data/0499.jpg')
img = cv2.resize(img, dsize=None, fx=0.10, fy=0.10, interpolation=
cv2.INTER_CUBIC)

#均值滤波
img_blur = cv2.blur(img, (3,3))
                        #(3,3)代表卷积核尺寸，随着尺寸变大，图像会越来越模糊
img_blur = cv2.cvtColor(img_blur, cv2.COLOR_BGR2RGB) #BGR转化为RGB格式

#方框滤波
img_boxFilter1 = cv2.boxFilter(img, -1, (3,3), normalize=True)
                        #当normalize=True时，与均值滤波结果相同
img_boxFilter1 = cv2.cvtColor(img_boxFilter1, cv2.COLOR_BGR2RGB)
                        #BGR转化为RGB格式
img_boxFilter2 = cv2.boxFilter(img, -1, (3,3), normalize=False)
img_boxFilter2 = cv2.cvtColor(img_boxFilter2, cv2.COLOR_BGR2RGB)
                        #BGR转化为RGB格式

#高斯滤波
img_GaussianBlur= cv2.GaussianBlur(img, (3,3), 0, 0)
                        #参数说明：(源图像,核大小,x方向的标准差,y方向的标准差)
```

```
    img_GaussianBlur = cv2.cvtColor(img_GaussianBlur, cv2.COLOR_BGR2RGB)
                                   #BGR转化为RGB格式

    # 中值滤波
    img_medianBlur = cv2.medianBlur(img, 3)
    img_medianBlur = cv2.cvtColor(img_medianBlur, cv2.COLOR_BGR2RGB)
                                   #BGR转化为RGB格式

    #双边滤波
    #参数说明：(源图像,核大小,sigmaColor,sigmaSpace)
    img_bilateralFilter=cv2.bilateralFilter(img, 50, 100, 100)
    img_bilateralFilter = cv2.cvtColor(img_bilateralFilter, cv2.COLOR_BGR2RGB)
                                   #BGR转化为RGB格式

    #输出
    plt.rcParams['font.sans-serif'] = ['SimHei']
    plt.rcParams['font.size'] = 30
    #全局设置输出图片大小1920像素×1080像素
    plt.rcParams['figure.figsize'] = (19.2, 10.8)
    titles = ['均值滤波', '方框滤波', '方框滤波2', '高斯滤波', '中值滤波', '双边滤波']
    images = [img_blur, img_boxFilter1, img_boxFilter2, img_GaussianBlur,
img_medianBlur, img_bilateralFilter]

    for i in range(6):
        plt.subplot(2,3,i+1), plt.imshow(images[i]), plt.title(titles[i])
        plt.axis('off')
    plt.show()
```

（3）右击代码窗口，选择运行img_smooth程序，得到图3-5所示的结果，程序执行后，生成的图像结果为1920像素×1080像素大小，可以方便仔细观察。

均值滤波

方框滤波

方框滤波 2

高斯滤波

中值滤波

双边滤波

图 3-5　滤波算法

视 频

均值滤波

不同的滤波方法解释如下：

1. 均值滤波

均值滤波采用多次测量取平均值的思想，用每一个像素周围的像素的平均值代替自身。它能够将受到噪声影响的像素使用该噪声周围的像素值进行修复，对椒盐噪声的滤除比较好。但是它不能很好地保护图像细节，在图像去噪的同时也破坏了图像的细节部分，从而使图像变得模糊。

2. 方框滤波

视 频

方框滤波

与均值滤波不同的是，方框滤波不会计算像素的均值。在均值滤波中，滤波结果的像素值是任意一个点的邻域平均值，等于各邻域像素值之和除以邻域面积。而在方框滤波中，可以自由选择是否对均值滤波的结果进行归一化，即可以自由选择滤波结果是邻域像素值之和的平均值，还是邻域像素值之和。

当normalize=True时，与均值滤波结果相同。

当normalize=False时，表示对加和后的结果不进行平均操作，大于255的使用255表示，如图3-4中的方框滤波2所示，因为不进行平均表示，处理后的图像中出现了大量的白色区域。

3. 高斯滤波

视 频

高斯滤波

高斯滤波（gauss filter）基于二维高斯核函数。用一个模板（又称卷积、掩模）扫描图像中的每一个像素，用模板确定的邻域内像素的加权平均灰度值替代模板中心像素点的值。高斯滤波主要用来去除高斯噪声。

高斯滤波具有在保持细节的条件下进行噪声滤波的能力，因此广泛应用于图像降噪中，但其效率比均值滤波低。

可以将3.1节中添加图像高斯噪声的代码和本节去除高斯噪声的代码整合，查看效果，这里创建一个名为gauss_filter的Python文件，并添加如下代码：

```
from skimage.util import random_noise
import cv2
import numpy as np
from matplotlib import pyplot as plt
img = cv2.imread("data/0499.jpg")
img = cv2.resize(img, dsize=None, fx=0.15, fy=0.15, interpolation=
cv2.INTER_CUBIC)
img = cv2.cvtColor(img, cv2.COLOR_BGR2GRAY)
#高斯噪声
guassian_noise = random_noise(img, mode='gaussian')      #高斯噪声
#高斯滤波
guassian_blur = cv2.GaussianBlur(guassian_noise, (5, 5), 0, 0)
                        #参数说明：(源图像,核大小,x方向的标准差,y方向的标准差)

#显示结果
plt.rcParams['font.sans-serif'] = ['SimHei']
```

```
plt.rcParams['font.size'] = 30
#全局设置输出图片大小1920像素×1080像素
plt.rcParams['figure.figsize'] = (19.2, 10.8)
imgs = [img, guassian_noise, guassian_blur]
titles = ["原始图像", "高斯噪声", "高斯滤波"]

for i in range(3):
    img0 = plt.subplot(1, 3, i + 1)
    img0.set_title(titles[i])
    plt.imshow(imgs[i], cmap="gray")
    plt.xticks([])
    plt.yticks([])

plt.show()
```

运行程序，得到结果如图3-6所示，虽然可以过滤掉一部分噪声，但是距离原始图像还有较大的改善空间。

图3-6　高斯滤波

4. 中值滤波

视频

中值滤波

中值滤波将待处理的像素周围像素从小到大排序，取中值代替该像素。其优点为去除脉冲噪声、椒盐噪声的同时又能保留图像边缘细节，但是当卷积核较大时，图像将变得模糊，而且计算量很大。

继续通过代码测试中值滤波效果，创建名为median_filter的Python文件，添加如下代码：

```
from skimage.util import random_noise
import cv2
import numpy as np
from matplotlib import pyplot as plt

img = cv2.imread("data/0499.jpg")
img = cv2.resize(img, dsize=None, fx=0.15, fy=0.15, interpolation=cv2.
INTER_CUBIC)
img = cv2.cvtColor(img, cv2.COLOR_BGR2GRAY)
```

```
#椒盐噪声
pepper_noise = random_noise(img, mode='pepper')  #高斯噪声

#中值滤波
img_medianBlur = cv2.medianBlur(img, 3)

#显示结果
plt.rcParams['font.sans-serif'] = ['SimHei']
plt.rcParams['font.size'] = 30
plt.rcParams['figure.figsize'] = (19.2, 10.8)
imgs = [img, pepper_noise, img_medianBlur]
titles = ["原始图像", "椒盐噪声", "中值滤波"]

for i in range(3):
    img0 = plt.subplot(1, 3, i + 1)
    img0.set_title(titles[i])
    plt.imshow(imgs[i], cmap="gray")
    plt.xticks([])
    plt.yticks([])

plt.show()
```

运行程序，得到结果如图3-7所示，可见中值滤波对椒盐噪声具有良好的抑制能力。

原始图像

椒盐噪声

中值滤波

图 3-7 中值滤波

5. 双边滤波

视频

双边滤波

因为高斯滤波把距离设为权重，设计滤波模板作为滤波系数，并且只考虑像素之间的空间位置关系，所以滤波结果丢失了边缘信息。

双边滤波器顾名思义比高斯滤波多了一个高斯方差sigma －d，它是基于空间分布的高斯滤波函数，所以在边缘附近，离的较远的像素不会太多影响到边缘上的像素值，这样就保证了边缘附近像素值的保存。但是由于保存了过多的高频信息，对于彩色图像中的高频噪声，双边滤波器不能够干净地滤掉，只能够对低频信息进行较好的滤波。

3.4　频域低通滤波及高通滤波

视频

频域低通滤波及高通滤波

创建名为frequency_filter的Python文件，输入如下代码：

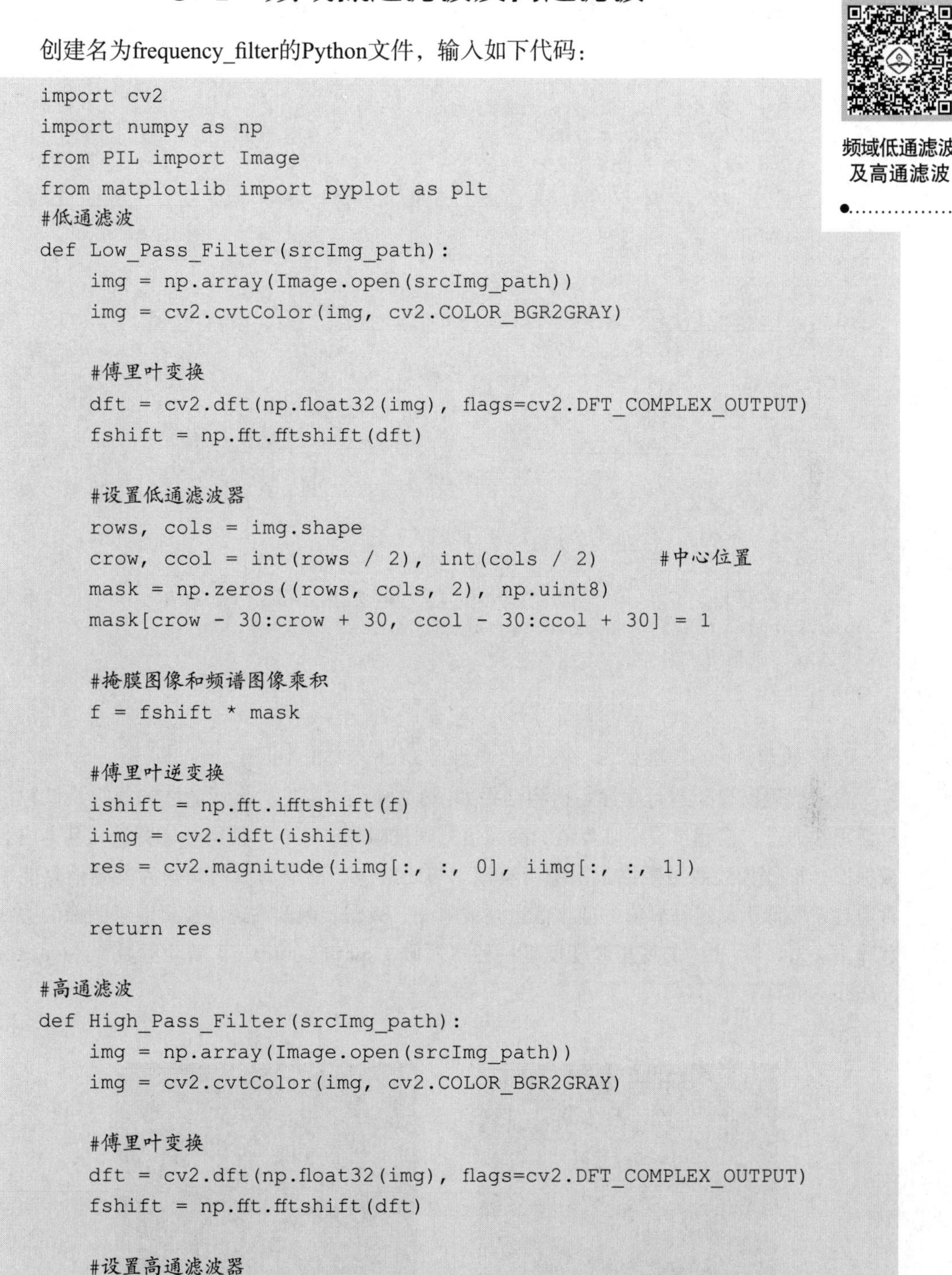

```
import cv2
import numpy as np
from PIL import Image
from matplotlib import pyplot as plt
#低通滤波
def Low_Pass_Filter(srcImg_path):
    img = np.array(Image.open(srcImg_path))
    img = cv2.cvtColor(img, cv2.COLOR_BGR2GRAY)

    #傅里叶变换
    dft = cv2.dft(np.float32(img), flags=cv2.DFT_COMPLEX_OUTPUT)
    fshift = np.fft.fftshift(dft)

    #设置低通滤波器
    rows, cols = img.shape
    crow, ccol = int(rows / 2), int(cols / 2)      #中心位置
    mask = np.zeros((rows, cols, 2), np.uint8)
    mask[crow - 30:crow + 30, ccol - 30:ccol + 30] = 1

    #掩膜图像和频谱图像乘积
    f = fshift * mask

    #傅里叶逆变换
    ishift = np.fft.ifftshift(f)
    iimg = cv2.idft(ishift)
    res = cv2.magnitude(iimg[:, :, 0], iimg[:, :, 1])

    return res

#高通滤波
def High_Pass_Filter(srcImg_path):
    img = np.array(Image.open(srcImg_path))
    img = cv2.cvtColor(img, cv2.COLOR_BGR2GRAY)

    #傅里叶变换
    dft = cv2.dft(np.float32(img), flags=cv2.DFT_COMPLEX_OUTPUT)
    fshift = np.fft.fftshift(dft)

    #设置高通滤波器
    rows, cols = img.shape
    crow, ccol = int(rows / 2), int(cols / 2)      #中心位置
    mask = np.ones((rows, cols, 2), np.uint8)
    mask[crow - 30:crow + 30, ccol - 30:ccol + 30] = 0
```

```
    #掩膜图像和频谱图像乘积
    f = fshift * mask

    #傅里叶逆变换
    ishift = np.fft.ifftshift(f)
    iimg = cv2.idft(ishift)
    res = cv2.magnitude(iimg[:, :, 0], iimg[:, :, 1])

    return res

plt.rcParams['font.sans-serif'] = ['SimHei']
plt.rcParams['font.size'] = 30
#全局设置输出图片大小 1920像素×1080像素
plt.rcParams['figure.figsize'] = (19.2, 10.8)
img_Low_Pass_Filter = Low_Pass_Filter('data/0499.jpg')
plt.subplot(121), plt.imshow(img_Low_Pass_Filter, 'gray'),
plt.title('低通滤波')
plt.axis('off')

img_High_Pass_Filter = High_Pass_Filter('data/0499.jpg')
plt.subplot(122), plt.imshow(img_High_Pass_Filter, 'gray'),
plt.title('高通滤波')
plt.axis('off')

plt.show()
```

右击代码窗口，运行程序，得到结果如图3-8所示。可见，低通滤波的规则是低频信息能正常通过，而超过设定临界值的高频信息则被阻隔、减弱，使得图像背景和基本内容被保留，而图像边缘被阻挡，图像变模糊。与之对应，高通滤波的规则为高频信息能正常通过，而低于设定临界值的低频信息则被阻隔、减弱，因此高通滤波提取了图像的边缘和噪声。3.4节程序中的傅里叶变换是一种将邻域（spatial domain）转为频域（frequency domain）的算子。

图 3-8　低通滤波与高通滤波结果

3.5 图像梯度及边缘滤波

视 频

图像梯度及边缘滤波1

图3-8中，用高通滤波提取了图像的边缘信息，可以发现，图像的边缘部分是图像像素值变化较大的部分。其中的图像像素值，对灰度图来讲，是灰度值，对RGB图像来讲，是三个通道值。一般用“图像梯度”这一概念表示图像变化的幅度。对于图像的边缘部分，其灰度值变化较大，梯度值变化也较大；相反，对于图像中比较平滑的部分，其灰度值变化较小，相应的梯度值变化也较小。一般情况下，图像梯度计算的是图像的边缘信息。

视 频

图像梯度及边缘滤波2

在OpenCV中，可以通过滤波算子获取图像边缘信息，具体步骤如下：

（1）在chp3项目中继续创建名为img_grad.py的Python文件。

（2）在img_grad.py中添加如下代码：

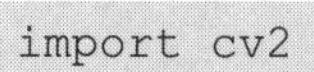

```
import cv2

img = cv2.imread('data/0499.jpg')
img = cv2.resize(img, dsize=None, fx=0.20, fy=0.20, interpolation=
cv2.INTER_CUBIC)
img = cv2.cvtColor(img, cv2.COLOR_BGR2GRAY)
rst = cv2.Sobel(img, cv2.CV_64F, 1, 0)
rst = cv2.convertScaleAbs(rst)
cv2.imshow('img', img)
cv2.imshow('rst', rst)
cv2.waitKey()
cv2.destroyAllWindows()
```

（3）右击代码窗口，运行img_grad.py，得到如图3-9所示的输出结果。

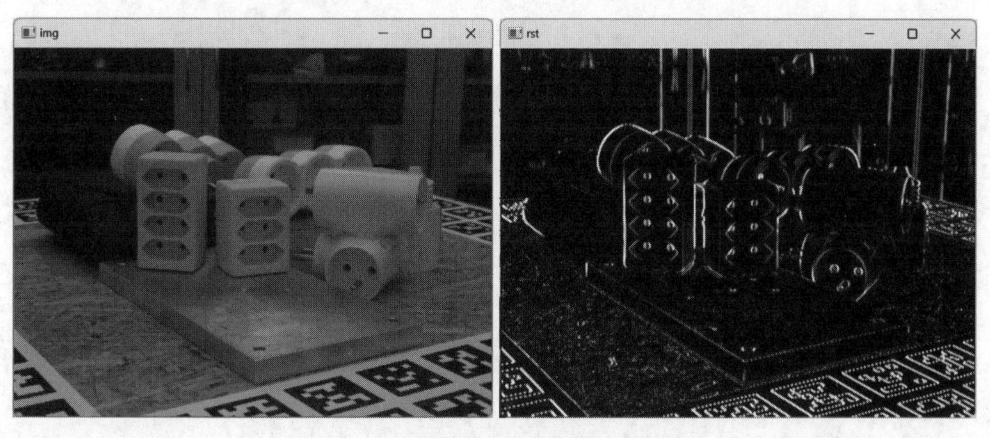

图 3-9 通过图像边缘滤波获取边缘信息

其中的cv2.Sobel(img, cv2.CV_64F, 1, 0)称为索贝尔算子，执行了图3-10所示的卷积计算，在图像像素矩阵的x方向计算差异，从而得到y方向的边缘。

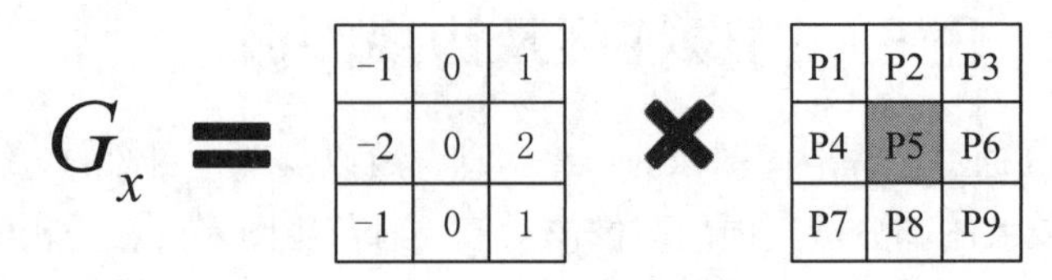

图 3-10　卷积操作

（4）修改代码，将cv2.Sobel(img, cv2.CV_64F, 1, 0)改为cv2.Sobel(img, cv2.CV_64F, 0, 1)，运行程序，得到x方向的边缘信息，如图3-11（a）所示，这是因为此次在y方向计算了差异。

（5）可以同时计算x、y方向的差异，进一步修改代码，将cv2.Sobel(img, cv2.CV_64F, 0, 1)改为cv2.Sobel(img, cv2.CV_64F, 1, 1)，运行程序，可得到图3-11（b）所示的结果，发现图像边缘较为模糊。

（a）dy=1 的结果　　（b）dx、dy 同时为 1 的结果

图 3-11　索贝尔算子

（6）如果需要得到横纵向均清晰的x、y边缘，可在img_grad.py中添加如下代码：

```
sobelx = cv2.Sobel(img, cv2.CV_64F, 1, 0, ksize=3)
sobelx = cv2.convertScaleAbs(sobelx)
cv2.imshow("sobelx", sobelx)

sobely = cv2.Sobel(img, cv2.CV_64F, 0, 1, ksize=3)
sobely = cv2.convertScaleAbs(sobely)
cv2.imshow('sobely', sobely)

#图像叠加，得到边缘信息
sobelxy = cv2.addWeighted(sobelx, 0.5, sobely, 0.5, 0)
cv2.imshow("sobelxy", sobelxy)
cv2.waitKey()
cv2.destroyAllWindows()
```

这里使用了cv2.addWeighted()函数，可以将两个图像进行叠加操作，其对应公式为

$$dst=src1\cdot alpha+src2\cdot beta+gamma$$

参数说明如下：

src1：输入的第一张图片。

alpha：第一张图片的权重。

src2：与第一张大小和通道数相同的图片（即相同的image.shape）。

beta：第二张图片的权重。

dst：输出，在Python中可以直接将dst放在前面作为输出。

gamma：加到每个总和上的标量，相当于调节亮度。

（7）运行程序，得到的结果如图3-12（a）所示。

（a）

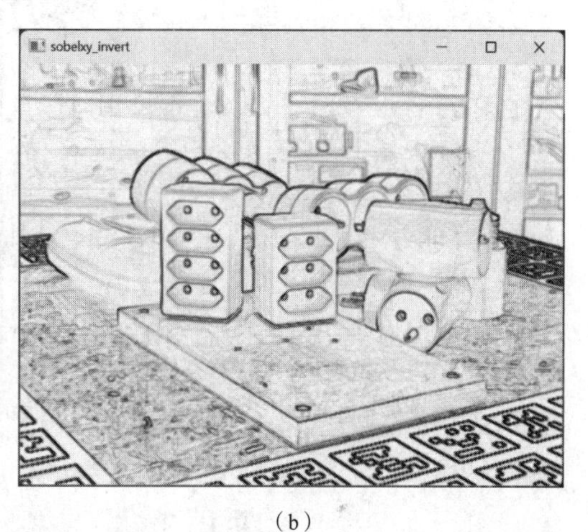

（b）

图 3-12　索贝尔算子的叠加结果

（8）在步骤（6）的图像叠加代码之后，继续添加如下代码，可以实现图像的反向显示结果，可以更为清晰地显示图像效果，如图3-12（b）所示。

```
#图像叠加，得到边缘信息
sobelxy = cv2.addWeighted(sobelx, 0.5, sobely, 0.5, 0)
cv2.imshow("sobelxy", sobelxy)

#反向输出
sobelxy = cv2.subtract(255, sobelxy)
cv2.imshow("sobelxy_invert", sobelxy)
```

这里执行了OpenCV图像相减函数。

（9）除了索贝尔算子，还有拉普拉斯（Laplacian）算子和坎尼（Canny）算子等，都可以得到图像的边缘，继续在img_grad.py中添加如下代码：

```
#更多边缘提取
laplacian = cv2.Laplacian(img, cv2.CV_64F)
cannyEdge = cv2.Canny(img, 100, 200)
```

```
cv2.imshow("laplacian", laplacian)
cv2.imshow("canny", cannyEdge)
cv2.waitKey()
cv2.destroyAllWindows()
```

（10）运行程序，得到的输出结果如图3-13所示，这里的坎尼（Canny）算子带有两个调节参数minVal和maxVal，可以调节输出的边缘细节。其中强度梯度大于maxVal的任何边都被认为是边，而低于minVal的被认为是非边，因此被丢弃，位于两个阈值之间的则由算法进行判断，相关公式细节可以查阅网上资料。

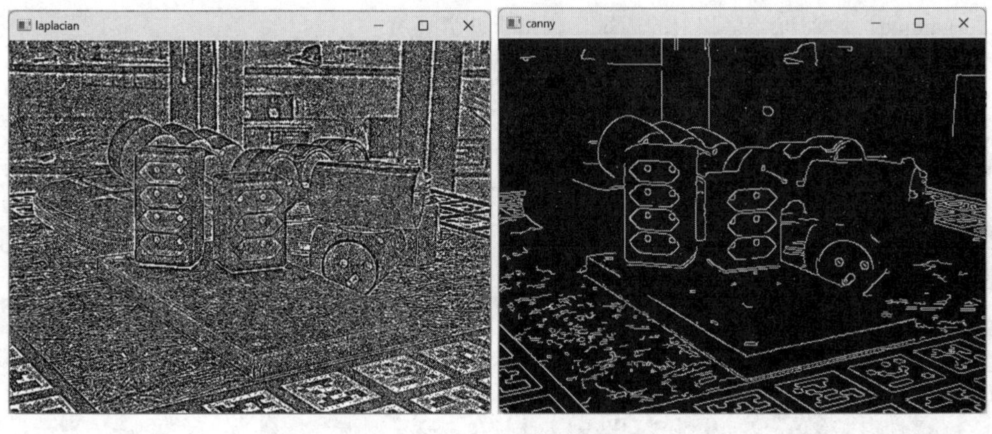

图 3-13 更多的边缘提取结果

项目实战 图像清晰度评价

视 频

图像清晰度评价

图像清晰度是衡量图像质量的一个重要指标。对于相机来说，其一般工作在无参考图像的模式下，所以在拍照时需要进行对焦的控制，对焦不准确，图像就会变得比较模糊不清晰。相机对焦是一个调整的过程，图像从模糊到清晰，再到模糊，确定清晰度峰值，再最终到达最清晰的位置。因此，对于成像装置所获得的一组图像进行清晰度评价在工程上有着非常重要的应用价值。

常见的图像清晰度评价一般都是基于梯度的方法，这里通过Tenegrad梯度法进行实现，具体步骤如下：

（1）在chp3项目中创建一个名为sharp_eval的Python文件。

（2）引入头文件，读取配套资源中的图片chp3/data/circle.png：

```
import matplotlib.pyplot as plt
import numpy as np
import cv2 as cv
import seaborn as sn
import glob
```

```
#读取图片
circle = cv.imread("data/circle.png")
cv.imwrite("data/circle00.png", circle)
```

（3）高斯模糊，模拟镜头对焦。

```
blurrange = range(0, 55, 5)
for i in blurrange:
    if i == 0:
        continue
    blur = cv.GaussianBlur(cv.imread("data/circle00.png"), (0, 0), i)
    cv.imwrite(f"data/circle{i:02d}.png", blur)
```

（4）查看当前结果，运行程序，如图3-14所示。

```
images = sorted(glob.glob("data/*[0-9].png"))
fig, axes = plt.subplots(2,len(images)//2)
for i,ax in enumerate(axes.flatten()):
    ax.imshow(cv.imread(images[i]))
    ax.annotate(f"SigmaX = {i*5}", (0,0))
    ax.set_xticks([])
    ax.set_yticks([])
plt.tight_layout()
plt.show()
```

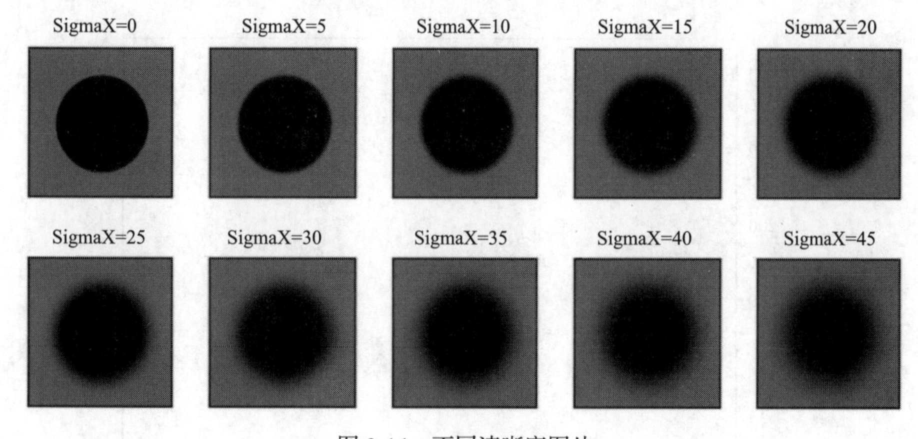

图 3-14 不同清晰度图片

（5）定义Tenegrad清晰度评价函数。

```
def tenengrad(img, ksize=3):
    ''''TENG' algorithm (Krotkov86)'''
    Gx = cv.Sobel(img, ddepth=cv.CV_64F, dx=1, dy=0, ksize=ksize)
    Gy = cv.Sobel(img, ddepth=cv.CV_64F, dx=0, dy=1, ksize=ksize)
    FM = Gx*Gx + Gy*Gy
    mn = cv.mean(FM)[0]
    if np.isnan(mn):
```

```
        return np.nanmean(FM)
    return mn
```

（6）对于同一组图像，应用评价函数进行评价。

```
tenengrads = np.empty(len(images))
for i,file in enumerate(sorted(glob.glob("data/*[0-9].png"))):
    tenengrads[i] = tenengrad(cv.imread(file))
print(tenengrads)
```

（7）运行程序，输出结果如下。

```
[2217.45916748   310.19515991   156.09831238   104.14810181    78.33432007
   62.69354248    52.29464722    44.72706604    38.99861145    34.48010254
   30.61637878]
```

可见，第一张图片的清晰度评价最高，符合人眼观测预期。

（8）可视化显示评价结果，如图3-15所示。

```
fig, ax = plt.subplots()

ax.plot(blurrange[1:], tenengrads[1:], ".")
ax.set_xlabel("GauBian blur sigmaX")
ax.set_ylabel("Tenengrad")
plt.tight_layout()
plt.show()
```

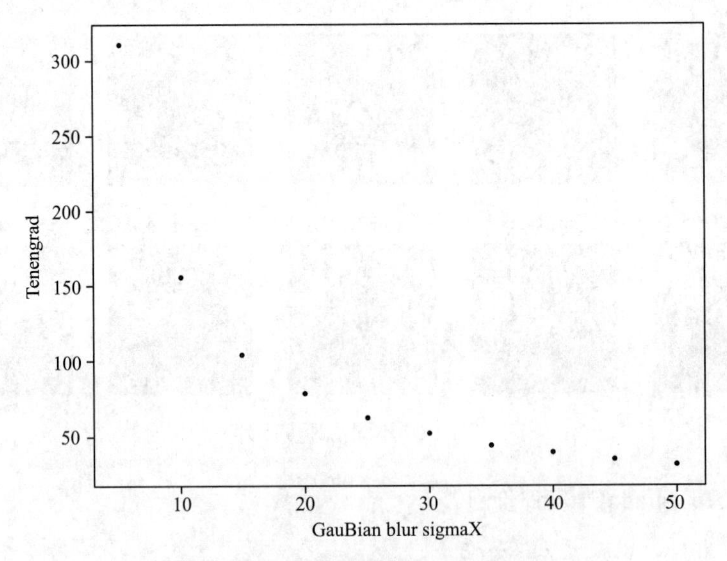

图 3-15　清晰度评价可视化结果

小　结

本章主要介绍了图像滤波的相关操作，可以发现，图像卷积是一种常见的图像处理方法。利用图像卷积操作，通过低通滤波使得图像变得平滑，通过高通滤波获得图像边缘。

另外，本章介绍了图像梯度的概念，通过更多的图像卷积核算子，如索贝尔、拉普拉斯、坎尼等，可以获得图像的边缘。通过代码实战得出，图像梯度共有横向G_x和纵向G_y两个方向，图像每个像素的梯度和梯度方向可以表示为

$$\text{Egde\_Gradient}(G) = \sqrt{G_x^2 + G_y^2}$$

$$\text{Angel}(\theta) = \arctan\left(\frac{G_y}{G_x}\right)$$

第4章 图像亮度及对比度操作

本章要点

◎图像直方图的概念

◎图像直方图均衡化

◎图像亮度调整

◎图像对比度调整

4.1 图像直方图概念及可视化

视频

图像直方图概念及可视化

图像直方图是用以表示数字图像中亮度分布的一种柱状图，x轴为图像的亮度值，y轴标绘了图像中每个亮度值的像素个数。其横坐标的左侧为较暗的区域，而右侧为较亮的区域，因此一张较暗图片的直方图中的数据多集中于左侧和中间，而整体明亮，只有少量阴影的图像则数据多集中于右侧和中间。在灰度图中，直方图根据灰度值进行绘制，在RGB图像中，需要在R、G、B三个通道单独绘制或者转为灰度图像进行绘制。

下面通过代码认识一下图像的直方图：

（1）创建名为chp4的Python项目，创建方法同第2章和第3章。

（2）右击创建的chp4项目，添加名为calc_hist.py的Python文件。

（3）输入如下代码，其中所访问的图像位于配套资源chp4/data下：

```
import cv2
import matplotlib.pyplot as plt

#读取图像
img = cv2.imread("data/0179.png")
histr = cv2.calcHist([img], [0], None, [256], [0, 256])
#显示图像
```

```
plt.imshow(img[:, :, :: -1])
plt.show()

#显示图像直方图
plt.rcParams['font.sans-serif'] = ['SimHei']
plt.xlabel('灰度值')
plt.ylabel('等于该灰度值的像素值')
plt.plot(histr)
plt.grid()
plt.show()
```

这里直方图的计算和绘制函数为：

```
cv2.calHist(imges, channels, mask, histSize, ranges,[, hist[, accumulate]])
```

各参数的含义如下：

images：原图像。当传入函数时应该用中括号[]括起来，如[img]。

channels：如果输入图像是灰度图，其值为[0]；如果是彩色图像，传入的参数可以是[0],[1],[2]，它们分别对应着通道B,G,R。

mask：掩模图像。要统计整幅图像的直方图就把它设为None。但是如果想统计图像某一部分的直方图，就需要一个掩模图像，并使用它。

histSize：bin的数目，即将灰度区间分多少段进行统计。也应该用中括号括起来，如[256]。

ranges：像素值范围。通常为[0, 256]。

（4）右击代码窗口，运行程序，输出结果如图4-1所示，可见，本次的示例图片偏暗，因此直方图数据靠左分布。

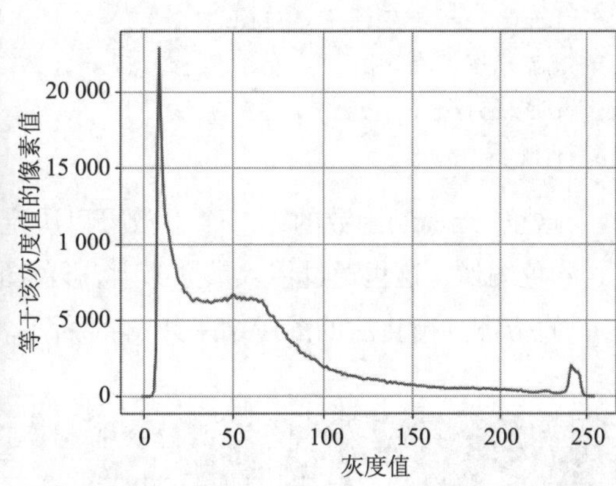

图 4-1　示例图片及其 B 通道的直方图

4.2　直方图均衡化与图像对比度增强

在图4-1中，由于曝光不足，图像暗部细节缺失，一般称为图像对比度较低。对比度指的是一幅图像中明暗区域最亮的白和最暗的黑之间不同亮度层级的测量，差异范围越大代表对比越大，差异范围越小代表对比越小，对比率120:1就可容易地显示生动、丰富的色彩，当对比率高达300:1时，便可支持各阶的颜色。对比度对视觉效果的影响非常关键，一般来说对比度越大，图像越清晰醒目，色彩也越鲜明艳丽；而对比度小，则会让整个画面都灰蒙蒙的。高对比度对于图像的清晰度、细节表现、灰度层次表现都有很大帮助。

对于对比度低的图像，可以通过直方图均衡化来提高图像对比度，增强图像表现，继续在calc_hist.py中输入如下代码：

```
#以灰度图方式读取图像
img = cv2.imread("data/0179.png", 0)

#直方图均衡化处理
#dst = cv.equalizeHist(img)
#img：灰度图像
#dist：均衡化后的结果
dst = cv2.equalizeHist(img)

#显示图像
plt.rcParams['font.sans-serif'] = ['SimHei']
plt.xlabel('灰度值')
plt.ylabel('等于该灰度值的像素值')
plt.imshow(img, cmap=plt.cm.gray)
plt.show()
plt.imshow(dst, cmap=plt.cm.gray)
plt.show()
histr = cv2.calcHist([dst], [0], None, [255], [0, 256])
#显示图像直方图
plt.plot(histr)
plt.show()
```

这里imread()函数的第二个参数可以决定打开图像是彩色的还是灰度图像，默认值为1，彩色图像，这里通过传入参数0，将彩色图像以灰度图方式读取。

直方图均衡化后的图像结果如图4-2所示。

图 4-2　直方图均衡化结果，灰度分布均匀后，图像暗部细节得到增强

进行直方图均衡化后，图片背景的对比度发生了改变，但是如果图像太暗或太亮会丢失大量细节信息，此类图像可以采用自适应直方图均衡化的方法提高表现。可以将整幅图像分成很多小块，这些小块称为tiles（OpenCV中tiles的大小默认为8 × 8），然后再对每个小块分别进行直方图均衡化，继续添加如下代码：

```
#自适应直方图均衡化
#创建一个自适应均衡化对象，并应用于图像
clahe = cv2.createCLAHE(clipLimit=2.0, tileGridSize=(8, 8))
cl1 = clahe.apply(img)
cv2.imwrite("data/clahe_dst.png", cl1)
#显示图像
plt.imshow(cl1, cmap=plt.cm.gray)
plt.show()

histr = cv2.calcHist([cl1], [0], None, [255], [0, 256])
#显示图像直方图
plt.rcParams['font.sans-serif'] = ['SimHei']
plt.xlabel('灰度值')
plt.ylabel('等于该灰度值的像素值')
plt.plot(histr)
plt.show()
```

运行结果如图4-3所示，可见，图片在提升了暗部对比度的同时，整体曝光保持良好。

图 4-3　自适应直方图均衡化

自适应直方图均衡化函数为：

```
cv.createCLAHE(clipLimit, tileGridSize)
```

各参数的含义如下：

clipLimit：对比度限制，默认值为40。

tileGridSize：分块的大小，默认值为8 × 8。

这里clipLimit参数可以用于抑制图像噪声。如果图像有噪声，在自适应均衡化时噪声

会被放大，为了避免这种情况，可以用对比度限制参数，读者可修改代码中的参数，对比不同对比度限制下图像的细节变化。

4.3 直方图的掩模操作

视 频

直方图的掩模操作

掩模是用选定的图像、图形或物体，对要处理的图像进行遮挡，来控制图像处理的区域，是数字图像处理中的一种常用方式。在数字图像处理中，通常使用二维矩阵数组进行掩模，该数组由0和1组成，又称掩模图像。在对要处理的图像进行掩模时，其中1值区域被处理，0值区域被屏蔽，不会处理。下面通过代码实现掩模操作：

（1）在项目chp4中创建名为calc_hist_mask.py的Python文件。

（2）输入如下代码，其中的图像位于配套资源的chp4/data/文件夹中：

```
import numpy as np
import cv2
import matplotlib.pyplot as plt

#直接以灰度图的方式读入
img = cv2.imread("data/0678.png", 0)

#创建蒙版
mask = np.zeros(img.shape[:2], np.uint8)
mask[200:600, 400:1000] = 1

#掩模
mask_img = cv2.bitwise_and(img, img, mask=mask)

#统计掩模后图像的灰度图
mask_histr = cv2.calcHist([img], [0], mask, [256], [0, 256])

#解决plt中文显示问题
plt.rcParams['font.sans-serif'] = ['SimHei']
plt.rcParams['font.size'] = 30
#全局设置输出图片大小 1920像素×1080 像素
plt.rcParams['figure.figsize'] = (19.2, 10.8)
imgs = [img, mask, mask_img]
titles = ["原始图像", "掩膜", "掩膜图像", "直方图"]

for i in range(3):
    img0 = plt.subplot(2, 2, i + 1)
    img0.set_title(titles[i])
    plt.imshow(imgs[i], cmap="gray")
    plt.xticks([])
```

```
    plt.yticks([])
img4 = plt.subplot(2, 2, 4)
img4.set_title(titles[3])
plt.plot(mask_histr)
plt.xticks([])
plt.yticks([])
plt.tight_layout()
plt.show()
```

（3）运行程序，得到的结果如图4-4所示。

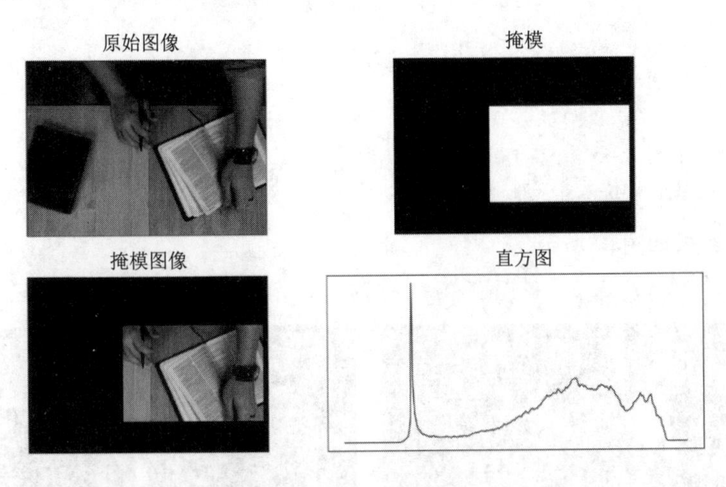

图 4-4　掩模操作及其直方图

由此可见，掩模的主要用途包括：

（1）提取感兴趣区域：用预先制作的感兴趣区掩模与待处理图像进行“与”操作，得到感兴趣区图像，感兴趣区内图像值保持不变，而区外图像值都为0。

（2）屏蔽作用：用掩模对图像上某些区域进行屏蔽，使其不参加图像处理或参数计算，仅对非屏蔽区进行操作。

（3）结构特征提取：用相似性变量或图像匹配方法检测和提取图像中与掩模相似的结构特征。

（4）特殊形状图像制作：可以利用任意形状的掩模制作特殊形状图像。

视 频

图像亮度调整

4.4　图像亮度调整

除了利用直方图均衡化进行图像对比度调整，也可以通过直接对图像进行数值操作进行图像亮度的调整。在项目中创建名为adjust_brightness.py的Python文件，输入如下代码：

```
import cv2
import numpy as np
import matplotlib.pyplot as plt

#读取图像
```

```
img = cv2.imread("data/0179.png")

#亮度因子，加k变亮，减k变暗
[averB, averG, averR] = np.array(cv2.mean(img))[:-1] / 3
k = np.ones((img.shape))
k[:, :, 0] *= averB
k[:, :, 1] *= averG
k[:, :, 2] *= averR

lighten = img + k
lighten[lighten > 255] = 255
lighten[lighten < 0] = 0
lighten = lighten.astype(np.uint8)
#显示结果代码见本书配套资源chp4章节
```

程序运行结果如图4-5所示。

原始图像

亮度增强

图 4-5　图像亮度提升结果

4.5　图像对比度调整

视 频

图像对比度调整

除了通过直方图均衡化进行图像对比度调整，还可以图像运算的方法调整图像的对比度。在项目中创建名为adjust_contrast.py的Python文件，输入如下代码：

```
import cv2
import numpy as np
import matplotlib.pyplot as plt

#读取图像
img = cv2.imread("data/0678.png")

#对比度因子，小于1 降低对比度；大于1 增加对比度
coefficent = 2
imggray = cv2.cvtColor(img, cv2.COLOR_BGR2GRAY)
```

```
    m = cv2.mean(img)[0]
    graynew = m + coefficent * (imggray - m)
    contrast = np.zeros(img.shape, np.float32)
    k = np.divide(graynew,imggray,out=np.zeros_like(graynew),where=imggray!=0)
    contrast[:, :, 0] = img[:, :, 0] * k
    contrast[:, :, 1] = img[:, :, 1] * k
    contrast[:, :, 2] = img[:, :, 2] * k
    contrast[contrast > 255] = 255
    contrast[contrast < 0] = 0

    contrast = contrast.astype(np.uint8)
    #显示结果代码见本书配套资源chp4章节
```

程序运行结果如图4-6所示。

图 4-6　图像对比度调整

项目实战　交互式图像增强

视频

交互式图像增强

此前的程序，基本都是通过预设值进行图像处理操作，OpenCV提供了图形用户界面（graphical user interface，GUI）来支持用户进行参数调整的交互式操作。具体步骤如下：

（1）创建名为adjust_img_gui.py的Python文件。

（2）导入OpenCV等模块：

```
import cv2
import numpy as np
```

（3）添加图像亮度调整函数：

```
# 修改图像的亮度，brightness取值0～2，小于1表示变暗；大于1表示变亮
def change_brightness(img, brightness):
    [averB, averG, averR] = np.array(cv2.mean(img))[:-1] / 3
    k = np.ones((img.shape))
```

```
    k[:, :, 0] *= averB
    k[:, :, 1] *= averG
    k[:, :, 2] *= averR
    img = img + (brightness - 1) * k
    img[img > 255] = 255
    img[img < 0] = 0
    return img.astype(np.uint8)
```

（4）添加图像对比度调整函数：

```
#修改图像的对比度，coefficent>0，小于1降低对比度；大于1提升对比度，建议取值0~2
def change_contrast(img, coefficent):
    imggray = cv2.cvtColor(img, cv2.COLOR_BGR2GRAY)
    m = cv2.mean(img)[0]
    graynew = m + coefficent * (imggray - m)
    img1 = np.zeros(img.shape, np.float32)
    k = np.divide(graynew, imggray, out=np.zeros_like(graynew), where=
imggray != 0)
    img1[:, :, 0] = img[:, :, 0] * k
    img1[:, :, 1] = img[:, :, 1] * k
    img1[:, :, 2] = img[:, :, 2] * k
    img1[img1 > 255] = 255
    img1[img1 < 0] = 0
    return img1.astype(np.uint8)
```

（5）定义一个图像显示函数，用于测试中间结果。

```
def cvshow(name, img):
    cv2.namedWindow(name, cv2.WINDOW_NORMAL)
    cv2.resizeWindow(name, 1280, 720)
    cv2.imshow(name, img)
    cv2.waitKey(0)
    cv2.destroyWindow(name)
```

（6）可以自行添加代码，测试上述函数录入是否正确。

（7）继续添加以下代码，生成GUI界面，供交互操作。

```
def gui():
    #加载图片，读取彩色图像
    image = cv2.imread('data/0678.png', cv2.IMREAD_COLOR)
    l = 50
    c = 50
    MAX_VALUE = 100
    #调节饱和度和亮度的窗口
```

```
    cv2.namedWindow("changImage", cv2.WINDOW_AUTOSIZE)

    def nothing(*arg):
        pass

    #滑动块
    cv2.createTrackbar("light", "changImage", l, MAX_VALUE, nothing)
    cv2.createTrackbar("contrast", "changImage", c, MAX_VALUE, nothing)
    while True:
        #得到l、s、c的值
        l = cv2.getTrackbarPos('light', "changImage")
        c = cv2.getTrackbarPos('contrast', "changImage")
        img = np.copy(image.astype(np.float32))
        #亮度 -1~1
        img = change_brightness(img, float(l - 50) / float(50))
        #对比度 0~2
        img = change_contrast(img, c / 50)

        #显示调整后的效果
        img = cv2.resize(img, (1280, 720))
        cv2.imshow("changImage", img)
        ch = cv2.waitKey(5)
        #按Esc键退出
        if ch == 27:
            break
        elif ch == ord('s'):
            # 按s键保存并退出
            # 保存结果
            cv2.imwrite("result.jpg", img)
            break

    #关闭所有的窗口
    cv2.destroyAllWindows()

if __name__ == "__main__":
    gui()
```

（8）运行程序，得到图4-7所示结果，可以通过鼠标交互调整图像效果。

图 4-7 通过 GUI 进行交互式图形增强

小 结

本章通过直方图和图像矩阵操作，完成了图像增强调整。图像直方图反映了图像亮度的分布趋势。在实际应用中，可以通过观察直方图进行图像调节，从而增强更多的图像细节。

第3部分 图像分析实战

本部分主要介绍图像分割的常用方法，包括阈值分割、图像轮廓提取、图像形态学操作、交互式图形分割等内容。

学习目的

◎掌握图像分割的概念

◎掌握图像阈值操作的方法

◎掌握图像轮廓提取的方法

◎掌握图像形态学操作

◎掌握交互式图形分割操作

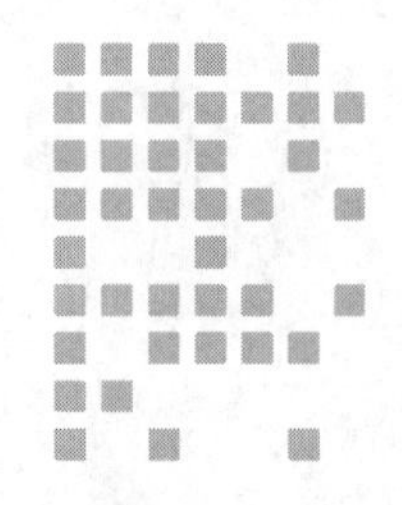

第5章 图像分割

本章要点

◎图像分割概述
◎图像阈值操作
◎图形轮廓提取
◎图像形态学操作
◎图像分割
◎交互式图形分割

5.1 图像分割概述

视 频

图像分割概述

图像分割是图像分析的第一步，是计算机视觉的基础，是图像理解的重要组成部分，同时也是图像处理中最困难的问题之一。所谓图像分割是指根据灰度、彩色、空间纹理、几何形状等特征把图像划分为若干个互不相交的区域，使得这些特征在同一个区域内表现出一致性或相似性，而在不同区域间表现出明显的不同。简单地说就是在一幅图像中，把目标从背景中分离出来。图像分割是为图像中的每一个像素打上标签，其中具有相同标签的像素具有相同特征。

图像分割是一种将像素分类的过程，分类的依据可建立在：像素间的相似性、非连续性。图像分割包括语义分割和实例分割两种类型。在语义分割中，所有物体都是同一类型的，所有相同类型的物体都使用一个类标签进行标记，而在实例分割中，相似的物体可以有自己独立的标签，如图5-1所示。

Semantic Segmentation
（语义分割）

Instance Segmentation
（实例分割）

图 5-1　图像分割的类型

在图像分割领域中有多种技术：基于阈值的分割方法、基于区域增长的分割方法、基于边缘的分割方法以及基于深度学习的分割方法等。由于基于深度学习的分割方法需要具备神经网络的知识，本章主要通过程序代码介绍前几种分割方法，代码中的图片位于套配资源的chp5/data文件中，读者可自行下载。

5.2　图像阈值分割

该技术的主要目的在于确定图像的最佳阈值。强度值超过阈值的像素其强度将变为1，其余像素的强度值将变为零，最后形成一个二值图。

视 频

图像阈值分割

下面通过OpenCV实现图像的阈值分割。具体操作步骤如下：

（1）打开PyCharm，创建名为chp5的Python项目。

（2）右击项目名称，创建名为thresholding.py的Python项目。

（3）从套配资源chp5/data中获取gradient.png和apple.png文件，在chp5项目上创建data目录，将图片复制到项目目录下。

（4）添加如下代码：

```
import cv2
import numpy as np
from matplotlib import pyplot as plt

#读取图像
img = cv2.imread('data/apple.png', 0)

#反向
img_inv = 255 - img

#阈值分割
ret, thresh = cv2.threshold(img_inv, 30, 255, cv2.THRESH_BINARY)
```

```
#显示结果
cv2.imshow("org_img", img)
cv2.imshow("img_inv", img)
cv2.imshow("apple", thresh)
cv2.waitKey()
cv2.destroyAllWindows()
```

这里通过读取图像后，取反，再调用OpenCV阈值分割函数cv2.threshold()完成将苹果从背景中分割出来，运行结果如图5-2所示。

原图

反向

分割苹果

图 5-2　阈值分割结果

（5）继续在thresholding.py中添加如下代码，体验OpenCV阈值分割的不同参数。

```
img = cv2.imread('data/gradient.png', 0)
ret, thresh1 = cv2.threshold(img, 127, 255, cv2.THRESH_BINARY)
ret, thresh2 = cv2.threshold(img, 127, 255, cv2.THRESH_BINARY_INV)
ret, thresh3 = cv2.threshold(img, 127, 255, cv2.THRESH_TRUNC)
ret, thresh4 = cv2.threshold(img, 127, 255, cv2.THRESH_TOZERO)
ret, thresh5 = cv2.threshold(img, 127, 255, cv2.THRESH_TOZERO_INV)
plt.rcParams['figure.figsize'] = (19.2, 10.8)
plt.rcParams['font.size'] = 30
titles = ['Original Image', 'BINARY', 'BINARY INV', 'TRUNC', 'TOZERO',
'TOZERO INV']
images = [img, thresh1, thresh2, thresh3, thresh4, thresh5]
for i in range(6):
    plt.subplot(2, 3, i + 1), plt.imshow(images[i], 'gray', vmin=0, vmax=255)
    plt.title(titles[i])
    plt.xticks([]), plt.yticks([])
plt.show()
```

程序运行结果如图5-3所示。

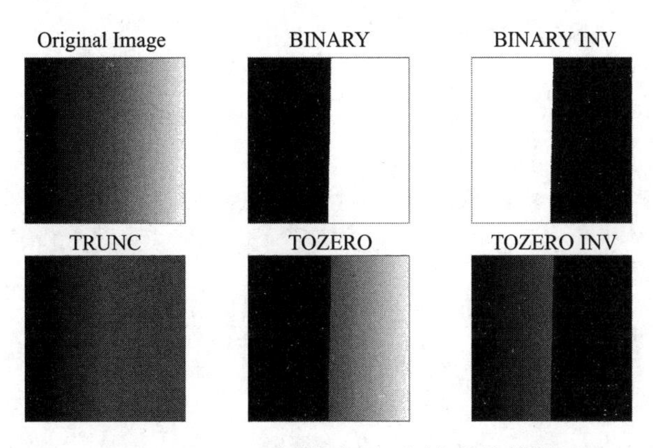

图 5-3　OpenCV 阈值分割不同参数取值效果

cv2.threshold(src, thresh, maxval, type[, dst])函数的返回值为retval, dst，各参数的含义如下：

src：灰度图像。

thresh：起始阈值。

maxval：最大值。

type：定义如何处理数据与阈值的关系。具体情况见表5-1。

表 5-1　数据与阈值的关系

选　　项	像素值 >thresh	其他情况
cv2.THRESH_BINARY	maxval	0
cv2.THRESH_BINARY_INV	0	maxval
cv2.THRESH_TRUNC	thresh	当前灰度值
cv2.THRESH_TOZERO	当前灰度值	0
cv2.THRESH_TOZERO_INV	0	当前灰度值

（6）除了可以指定分割阈值大小，还可以由OpenCV实现自动阈值分割，继续输入如下代码：

```
#自动阈值分割
img = cv2.imread('data/noisy.png', 0)
ret1, th1 = cv2.threshold(img, 127, 255, cv2.THRESH_BINARY)
ret2, th2 = cv2.threshold(img, 0, 255, cv2.THRESH_BINARY + cv2.THRESH_OTSU)
blur = cv2.GaussianBlur(img, (7, 7), 0)
ret3, th3 = cv2.threshold(blur, 0, 255, cv2.THRESH_BINARY + cv2.THRESH_OTSU)

#绘制图像及直方图
plt.rcParams['font.sans-serif'] = ['SimHei']
images = [img, 0, th1,
          img, 0, th2,
          blur, 0, th3]
titles = ['噪声图像', '直方图', '阈值分割(v=127)',
```

```
            '噪声图像', '直方图', "Otsu分割",
            '高斯模糊', '直方图', "Otsu分割"]
for i in range(3):
    plt.subplot(3, 3, i * 3 + 1), plt.imshow(images[i * 3], 'gray')
    plt.title(titles[i * 3]), plt.xticks([]), plt.yticks([])
    plt.subplot(3, 3, i * 3 + 2), plt.hist(images[i * 3].ravel(), 256)
    plt.title(titles[i * 3 + 1]), plt.xticks([]), plt.yticks([])
    plt.subplot(3, 3, i * 3 + 3), plt.imshow(images[i * 3 + 2], 'gray')
    plt.title(titles[i * 3 + 2]), plt.xticks([]), plt.yticks([])
plt.show()
```

运行程序，结果如图5-4所示。

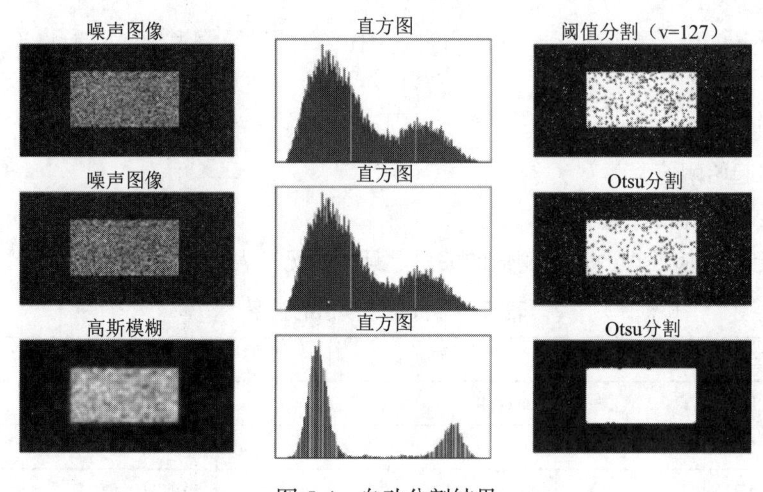

图 5-4　自动分割结果

5.3　图形形态学操作

在图像分割过程中，由于是逐个像素进行阈值判断，不可避免地会产生断裂或者毛刺等问题，例如图5-4右下图像，对于此类图像，可以通过形态学操作消除空洞、剔除毛刺或者连接图像区域。

形态学指的是数学方面的形态学滤波，特别是对图像的滤波处理。它的本质和其他滤波器一样，都能够对图像进行去噪、增强等作用。最基本的两个形态学操作是腐蚀和膨胀，其他高级形态学操作都是基于这两个基本的形态学操作进行的，比如开运算、闭运算、形态学梯度、顶帽、黑帽等。

视 频

形态学-腐蚀-膨胀

膨胀类似“领域扩张”，将图像的高亮区域或白色部分进行扩张，其运行结果图比原图的高亮区域更大。腐蚀类似“领域被蚕食”，将图像中的高亮区域或白色部分进行缩减细化，其运行结果图比原图的高亮区域更小。

下面通过代码理解图像的膨胀和腐蚀操作，步骤如下：

（1）在项目chp5下创建名为morph_operation.py的Python文件。

（2）图片文件th3.png在配套资源chp5/data中，添加图像膨胀操作代码如下：

```
import cv2
import numpy as np
img = cv2.imread('data/th3.png',0)
kernel = np.ones((5,5),np.uint8)
dilation = cv2.dilate(img,kernel,iterations = 1)           #膨胀操作
erosion = cv2.erode(img,kernel,iterations = 1)             #腐蚀操作

cv2.imshow("origion", img)
cv2.imshow("dilation", dilation)
cv2.imshow("erosion", erosion)
cv2.waitKey(0)
```

（3）右击代码窗口，运行程序，对比输出结果，图5-5（b）所示图像为膨胀操作结果，可以发现边缘细小空洞消失，但是毛刺变大，图像整体变大，图5-5（c）所示图像为腐蚀操作结果，可以发现边缘毛刺消失，但是空洞区域更为明细，图像整体缩小。

（a）原图　（b）膨胀后图像　（c）腐蚀后图像

图5-5　图像的腐蚀操作

（4）如果目标是消除图像毛刺、填充缝隙的同时不改变图像大小，则可以通过先腐蚀后膨胀或者先膨胀后腐蚀的操作进行，称为形态学的开运算或者闭运算。在程序morph_operation.py中继续添加如下代码，测试图像开闭运算效果。

视　频

形态学-开运算-闭运算

```
opening = cv2.morphologyEx(img, cv2.MORPH_OPEN, kernel)
closing = cv2.morphologyEx(img, cv2.MORPH_CLOSE, kernel)
cv2.imshow("opening", opening)
cv2.imshow("closing", closing)
```

（5）继续运行程序，结果如图5-6所示，可以发现，开操作很好地消除了毛刺，闭操作则填充了边缘的空隙。

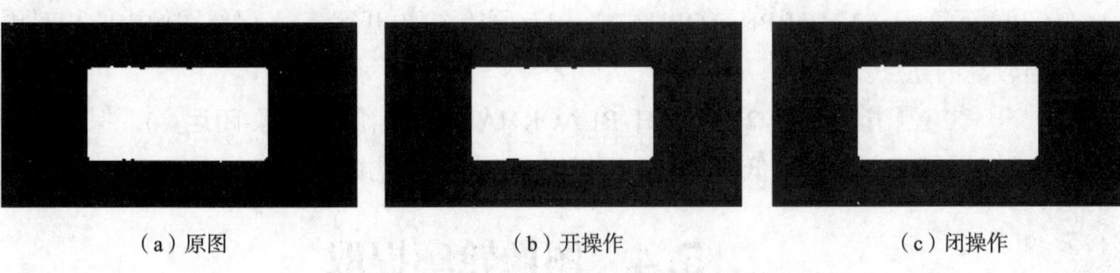

（a）原图　（b）开操作　（c）闭操作

图5-6　图像的开闭操作

可见形态学开运算操作的定义是先对图像进行腐蚀操作，然后再对图像进行膨胀操作。它先对图像进行腐蚀，消除图像中的噪声和较小的连通域，之后通过膨胀运算弥补较大的连通域中因腐蚀造成的面积减小。

形态学开运算的作用：

① 消除值高于邻近点的孤立点，达到去除图像中噪声的作用。

② 消除较小的连通域，保留较大的连通域。

③ 断开较窄的狭颈，可以在两个物体纤细的连接处将它们分离。

④ 不明显改变较大连通域面积的情况下平滑连通域的连界、轮廓。

形态学闭运算则刚好相反，先对图像进行膨胀操作，再对图像进行腐蚀操作。它先对图像进行膨胀以填充连通域内的小型空洞，扩大连通域的边界，连接邻近的两个连通域，之后通过腐蚀运算减少由膨胀运算引起的连通域边界的扩大及面积的增加。

形态学闭运算的作用：

① 消除值低于邻近点的孤立点，达到去除图像中噪声的作用。

② 连接两个邻近的连通域。

③ 弥合较窄的间断和细长的沟壑。

④ 去除连通域内的小型空洞。

⑤ 和开运算一样也能够平滑物体的轮廓。

（6）对闭运算结果继续执行开运算，可以得到平滑的图像信息，继续添加如下代码：

```
result = cv2.morphologyEx(closing, cv2.MORPH_OPEN, kernel)
cv2.imshow("result", result)
```

（7）运行程序，得到的最终结果如图5-7所示。

图 5-7　形态学操作得到平滑图像

可见，形态学操作可以进行各种进一步的运算，例如：

① 梯度运算（cv2.MORPH_GRADIENT）：abs(膨胀-腐蚀)，得到图像的边缘信息

② 顶帽运算（cv2.MORPH_TOPHAT）：abs(原始图像-开运算)，保留图像中的相对周围灰度值较高的亮点。

③ 黑帽运算（cv2.MORPH_BLACKHAT）：abs(原始图像-闭运算)，保留图像中相对周围灰度值较低的暗点，用于解决光照不均匀的问题。

视频

图像轮廓提取

5.4　图像轮廓提取

在完成图像分割和形态学操作后，一般会对图像轮廓信息进行提取。在

OpenCV中提供了图像轮廓提取函数，以2.3节中形态学操作后结果为例，轮廓提取操作步骤如下：

（1）创建名为findContours.py的Python程序，输入如下代码：

```
    import cv2

    img = cv2.imread('data/morph_result.png')
    imgray = cv2.cvtColor(img, cv2.COLOR_BGR2GRAY)
    ret, thresh = cv2.threshold(imgray, 127, 255, 0)
    contours, hierarchy = cv2.findContours(thresh, cv2.RETR_TREE, cv2.CHAIN_
APPROX_SIMPLE)
```

findContours()函数的含义如下：

输入：

thresh：带有轮廓信息的二值图像。

cv2.RETR_TREE：提取轮廓后，输出轮廓信息的组织形式，除了cv2.RETR_TREE还有以下几种选项：

① cv2.RETR_EXTERNAL：输出轮廓中只有外侧轮廓信息。

② cv2.RETR_LIST：以列表形式输出轮廓信息，各轮廓之间无等级关系。

③ cv2.RETR_CCOMP：输出两层轮廓信息，即内外两个边界。

④ cv2.RETR_TREE：以树形结构输出轮廓信息。

cv2.CHAIN_APPROX_SIMPLE：指定轮廓的近似办法，有以下选项：

① cv2.CHAIN_APPROX_NONE：存储轮廓所有点的信息，相邻两个轮廓点在图象上也是相邻的。

② cv2.CHAIN_APPROX_SIMPLE：压缩水平方向，垂直方向，对角线方向的元素，只保留该方向的终点坐标。

③ cv2.CHAIN_APPROX_TC89_L1：使用teh-Chinl chain 近似算法保存轮廓信息。

输出：

contours：list结构，列表中每个元素代表一个边沿信息。每个元素是(x,1,2)的三维向量，x表示该条边沿中共有多少个像素点，第三维的“2”表示每个点的横、纵坐标。

注意：如果输入选择cv2.CHAIN_APPROX_SIMPLE，则contours中一个list元素所包含的x点之间应该用直线连接起来，这个可以用cv2.drawContours()函数观察一下效果。

hierarchy：返回类型是(x,4)的二维ndarray。x和contours中的x是一样的含义。如果输入选择cv2.RETR_TREE，则以树状结构组织输出，hierarchy的四列分别对应下一个轮廓编号、上一个轮廓编号、父轮廓编号、子轮廓编号，该值为负数表示没有对应项。

对输出的contours可以进行一些基本操作，比如计算contours[i]中所包括的点数，contours[i]的长度和面积等，下面列出求长度和面积用的函数：

求长度：cv2.arcLength(contours[i],False)

可以看到第二个参数是选择False还是True。这个参数指定识别的contours是否闭合，True对应闭合，False对应非闭合。

求面积：cv2.contourArea(contours[i])

（2）继续输入以下代码，可视化显示图像轮廓信息：

```
cv2.drawContours(img, contours, -1, (0, 255, 0), 3)
cv2.imshow("img", img)
cv2.waitKey(0)
```

（3）右击代码窗口，运行程序，得到输出结果如图5-8所示。

图 5-8　轮廓结果

5.5　分水岭图像分割

视频

分水岭图像分割

分水岭方法是一种基于拓扑理论的数学形态学的分割方法，基本思想是把图像看作测地学上的拓扑地貌，将像素点的灰度值视为海拔，整个图像就像一张高低起伏的地形图。每个局部极小值及其影响区域称为集水盆，集水盆的边界则形成分水岭。算法的实现过程可以理解为图5-9所示的洪水淹没过程：最低点首先被淹没，然后水逐渐淹没整个山谷；水位升高到一定高度就会溢出，于是在溢出位置修建堤坝；不断提高水位，重复上述过程，直到所有的点全部被淹没；所建立的一系列堤坝就称为分隔各个盆地的分水岭。

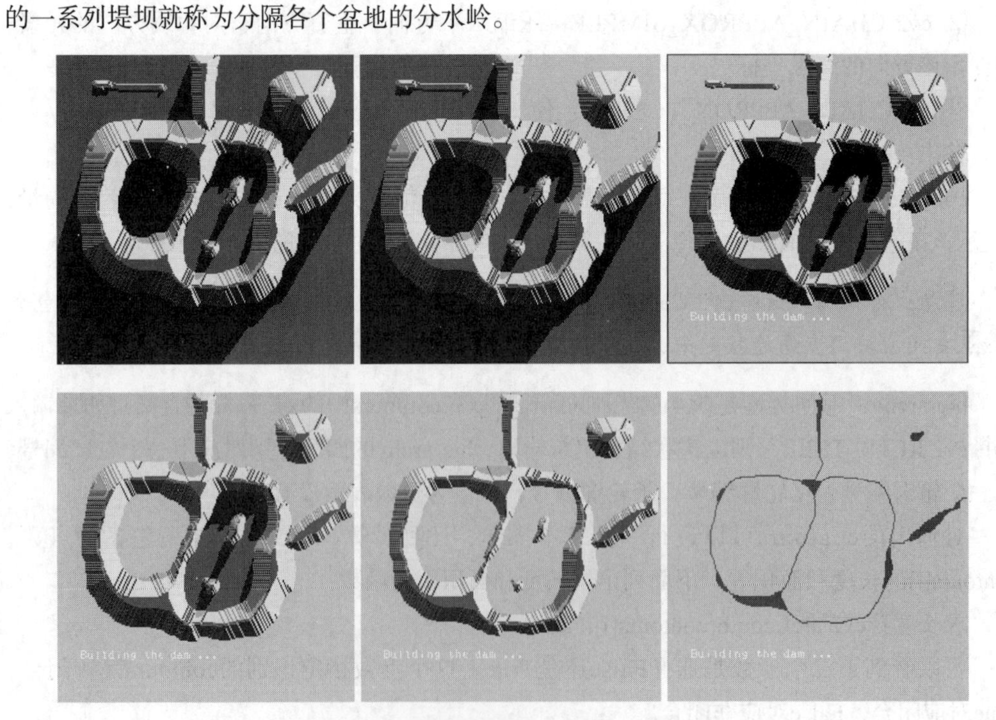

图 5-9　不断被水淹没的分水岭分割过程图

最终提取的轮廓如图5-10所示。

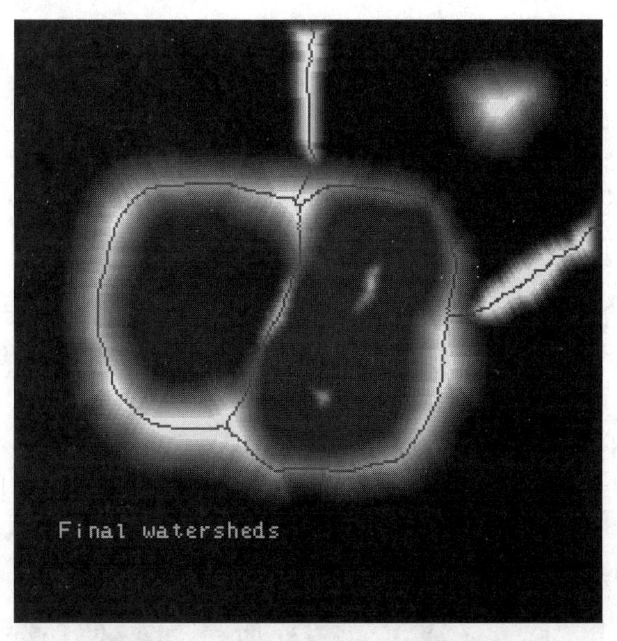

图 5-10　利用分水岭算法的轮廓提取

OpenCV提供了watershed(image, markers)函数，用于实现基于标记的分水岭算法。输入图像一般是原图，或者梯度图，由于噪声和梯度的局部不规则性会导致过度分割，控制过度分割的一种方法依据是标记。所谓标记即预先把一些区域标注好，图像中每个非零像素代表一个标签。对图像中部分像素做标记，表明它的所属区域是已知的。这些标注了的区域称为种子点。watershed 算法会把这些标记的区域慢慢膨胀填充整个图像。

对于图5-11所示图像，可以通过如下步骤完成分水岭分割。

图 5-11　待分割图像

（1）在chp5项目下创建名为watershed.py的文件，并引入依赖模块。

```
import cv2
```

```
import numpy as np
from matplotlib import pyplot as plt
```

（2）读取图片，可以运行查看图片结果。

```
img = cv2.imread("data\coins.jpg")
cv2.namedWindow("input image", cv2.WINDOW_AUTOSIZE)
cv2.imshow("input image", img)
```

（3）图像平滑预处理，去除图片噪声。

```
blurred = cv2.pyrMeanShiftFiltering(cv2, 10, 100)
```

pyrMeanShiftFiltering是图像在色彩层面的平滑滤波，它可以中和色彩分布相近的颜色，平滑色彩细节，侵蚀掉面积较小的颜色区域。

meanShift均值漂移算法是一种通用的聚类算法，它的基本原理是：对于给定的一定数量样本，任选其中一个样本，以该样本为中心点划定一个圆形区域，求取该圆形区域内样本的质心，即密度最大处的点，再以该点为中心继续执行上述迭代过程，直至最终收敛。

图像平滑后的结果如图5-12所示。

图 5-12　均值漂移图像聚类

均值漂移函数原型为：

```
pyrMeanShiftFiltering(src, sp, sr, dst=None, maxLevel=None, termcrit=None)
```

各参数的含义如下：

src：输入图像，8位，三通道的彩色图像，并不要求必须是RGB格式，HSV、YUV等OpenCV中的彩色图像格式均可。

sp：定义的漂移物理空间半径大小。

sr：定义的漂移色彩空间半径大小。

maxLevel：定义图像金字塔的最大层数，图像金字塔指的是图像等比例倍数缩放，例如放大2倍、4倍或缩小为1/2、1/4等。

Termcrit：定义的漂移迭代终止条件，可以设置为迭代次数满足终止，迭代目标与中心点偏差满足终止，或者两者的结合。

（4）灰度及二值化处理：

```
gray = cv2.cvtColor(blurred, cv2.COLOR_BGR2GRAY)
ret, binary = cv2.threshold(gray, 0, 255, cv2.THRESH_BINARY | cv2.
THRESH_OTSU)
cv2.imshow("binary-image", binary)
```

处理结果如图5-13所示。

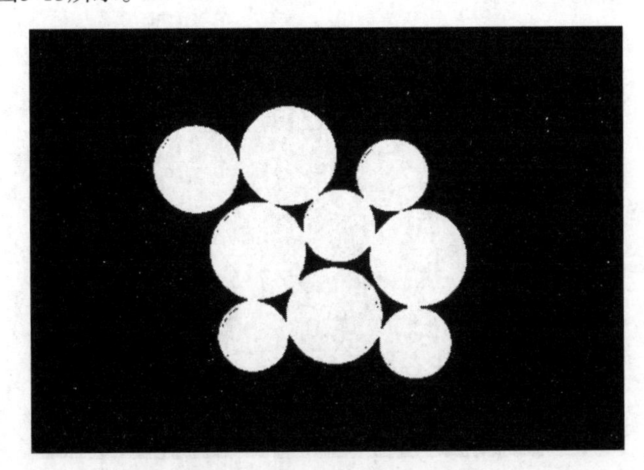

图 5-13 阈值分割处理结果

（5）形态学操作，连通区域：

```
kernel = cv2.getStructuringElement(cv2.MORPH_RECT, (3, 3))
mb = cv2.morphologyEx(binary, cv2.MORPH_OPEN, kernel, iterations=2)
sure_bg = cv2.dilate(mb, kernel, iterations=3)
cv2.imshow("mor-opt", sure_bg)
```

处理结果如图5-14所示。

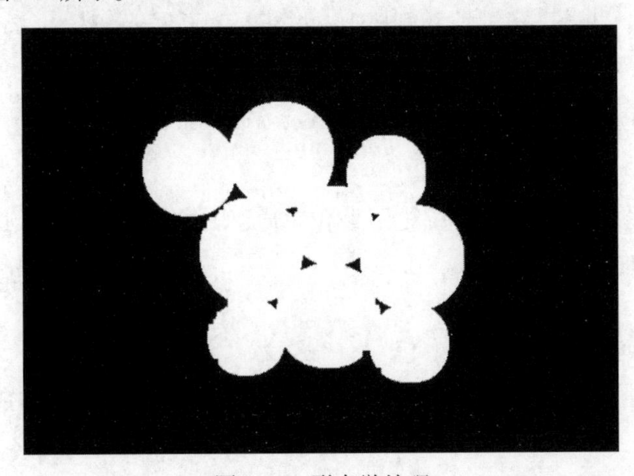

图 5-14 形态学处理

（6）根据距离变换，获得图像重心点信息。

```
dist = cv2.distanceTransform(mb, cv2.DIST_L2, 3)
dist_output = cv2.normalize(dist, 0, 1.0, cv2.NORM_MINMAX)
cv2.imshow("distance-t", dist_output * 50)
```

distanceTransform用于计算图像中每个非零点像素与其最近的零点像素之间的距离，输出的是保存每一个非零点与最近零点的距离信息；图像上越亮的点，代表了离零点的距离越远，输出结果如图5-15所示。

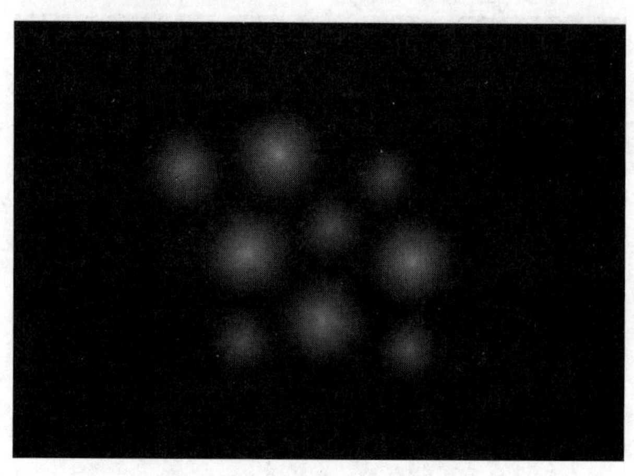

图 5-15　图像距离变换结果

（7）获取连通区域，作为分水岭的种子点。

```
ret, surface = cv2.threshold(dist, dist.max() * 0.6, 255, cv2.THRESH_BINARY)

surface_fg = np.uint8(surface)
cv2.imshow("surface-bin", surface_fg)
unknown = cv2.subtract(sure_bg, surface_fg)
ret, markers = cv2.connectedComponents(surface_fg)
```

连通区域函数如下：

```
num_objects, labels = cv2.connectedComponents(image)
```

参数介绍如下：

image：输入图像，必须是二值图，即8位单通道图像（即输入图像必须先进行二值化处理才能被该函数接受）。

返回值：

num_labels：所有连通域的数目。

labels：图像上每一像素的标记，用数字1，2，3，…表示（不同的数字表示不同的连通域）。

标记示意结果如图5-16所示。

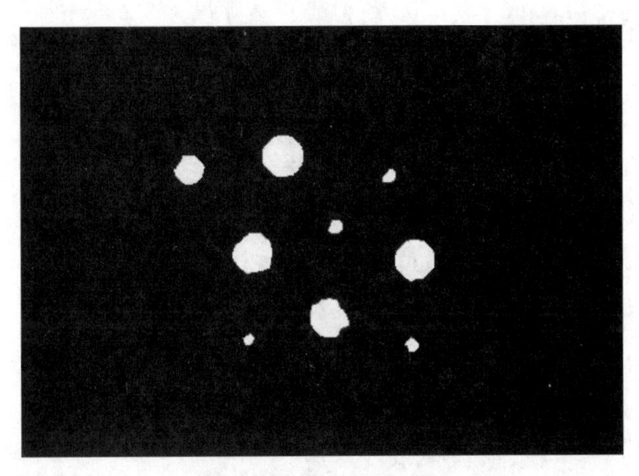

图 5-16　连通区域示意

（8）获取标记点后，可以进行分水岭分割：

```
markers = markers + 1
markers[unknown == 255] = 0
print(type(markers))
print(np.sum(markers == 2))
markers = cv2.watershed(img, markers=markers)
print(np.unique(markers))
print(np.sum(markers == 2))
img[markers == -1] = [0, 0, 255]
cv2.imshow("result", img)
markers = markers + 1
plt.imshow(markers)
plt.show()
cv2.waitKey(0)
```

分割结果如图5-17所示，对应的分割类别标记输出如图5-18所示。

图 5-17　分割结果

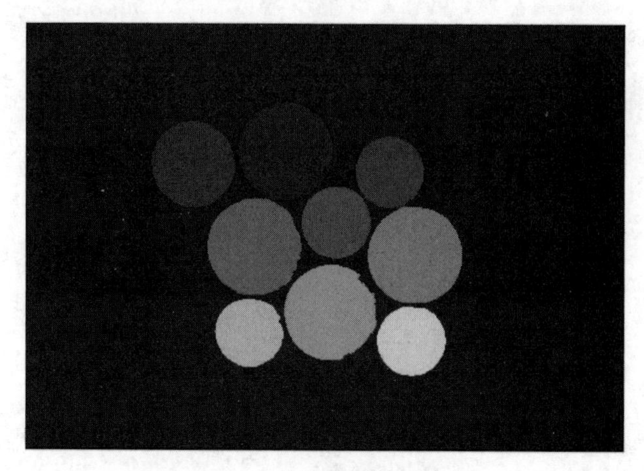

图 5-18　分割类别标记输出

项目实战 1　利用图割（GrabCut）实现交互式抠图

视频
利用图割（GrabCut）实现交互式抠图

对图像操作过程中，经常需要将图像前景和后景进行分离，下面介绍利用GrabCut算法进行交互式前景提取。

GrabCut是一种基于图切割的图像分割方法。GrabCut算法是基于Graph Cut算法的改进。基于要被分割对象的指定边界框开始，使用高斯混合模型估计被分割对象和背景的颜色分布（注意，这里将图像分为被分割对象和背景两部分）。简而言之，就是只需确认前景和背景输入，该算法就可以完成前景和背景的最优分割。

该算法利用图像中纹理（颜色）信息和边界（反差）信息，只要少量的用户交互操作即可得到较好的分割效果，和分水岭算法相似，但计算速度比较慢，得到的结果比较精确。若从静态图像中提取前景物体（例如，从一个图像剪切到另外一个图像），采用GrabCut算法是最好的选择。

OpenCV中grabCut的定义如下：

```
cv.grabCut(img, mask, rect, bgdModel, fgdModel, iterCount[, mode])
```

返回值：mask, bgdModel, fgdModel。

参数说明：

img：输入8位3通道图像。

mask：输入输出的8位单通道图像，用矩形初始化。

rect：ROI矩形，在矩形外面的部分被认为是背景，只有当 mode = GC_INIT_WITH_RECT 时才有效。

bgdModel：存储背景模型的参数，处理同一个图像时，不要修改该模型。

fgdModel：存储前景模型的参数，处理同一个图像时，不要修改该模型。

iterCount：迭代次数。

mode：不同的模式 GrabCutModes，包括矩形框选和Mask掩模两种模式。

下面通过代码实现GrabCut交互式分割：

（1）创建名为grabcut.py的Python文件。

（2）导入头文件：

```
import numpy as np
import cv2
import sys
```

（3）定义全局参数：

```
COLOR_BLUE = [255, 0, 0]                                    #矩形框颜色
COLOR_RED = [0, 0, 255]                                     #可能背景绘制颜色
COLOR_GREEN = [0, 255, 0]                                   #可能前景绘制颜色
COLOR_BLACK = [0, 0, 0]                                     #背景绘制颜色
COLOR_WHITE = [255, 255, 255]                               #前景绘制颜色

DRAW_BG = {'color': COLOR_BLACK, 'val': 0}                  #背景，标记为0
DRAW_FG = {'color': COLOR_WHITE, 'val': 1}                  #前景，标记为1
DRAW_PR_BG = {'color': COLOR_RED, 'val': 2}                 #可能背景，标记为2
DRAW_PR_FG = {'color': COLOR_GREEN, 'val': 3}               #可能前景，标记为3
```

（4）创建分割类，描述该类使用方法：

```
class GrabCutApp():
    """
    GrabCutApp 利用grabcut对图像进行前景提取
    调用方法：
        python grabcut.py <image_name>
    程序说明：
        本程序有两个窗体，分别用于输入和输出
        首先，在输入窗体，通过按住鼠标右键沿需要分割的物体绘制矩形框，该矩形框将
显示为蓝色。接下来，通过按住【n】键分割物体，如果结果表现不佳，可以通过按以下键进行细节
调整
        key '0'         #设置确信为背景区域
        key '1'         #设置确信为前景区域
        key '2'         #设置可能为背景区域
        key '3'         #设置可能为前景区域
        key 'r'         #重置
        key 'n'         #分割物体
        key 's'         #保存图像
        key 'q'         #退出程序
        key esc         #退出程序
    """
```

（5）定义初始化方法：

```
#初始化
def__init__(self, imagename: str) -> None:
    self.img = cv2.imread(imagename)
    if self.img is None:
        print('图像读取失败')
        sys.exit(0)

    self.rect = (0, 0, 1, 1)                     #矩形框初始化
    self.drawing = False
    self.rectangle = False                       #是否开始绘制矩形框
    self.rect_over = False                       #判断矩形是否结束
    self.rect_or_mask = 100                      #矩形框或者mask的种类
    self.value = DRAW_FG
    self.thickness = 3
    self.radius = 5
```

（6）定义鼠标交互操作：

```
#鼠标回调
def onmouse(self, event, x, y, flags, param) -> None:
    #自定义鼠标回调函数
    if event == cv2.EVENT_RBUTTONDOWN:
        self.rectangle = True
        self.ix, self.iy = x, y
    elif event == cv2.EVENT_MOUSEMOVE:
        if self.rectangle == True:
            self.img = self.img2.copy()
            cv2.rectangle(self.img, (self.ix, self.iy), (x, y),
                          COLOR_BLUE, self.thickness)
            self.rect = (min(self.ix, x), min(self.iy, y),
                         abs(self.ix - x), abs(self.iy - y))
            self.rect_or_mask = 0
    elif event == cv2.EVENT_RBUTTONUP:
        self.rectangle = False
        self.rect_over = True
        cv2.rectangle(self.img, (self.ix, self.iy), (x, y),
                      COLOR_BLUE, self.thickness)
        self.rect = (min(self.ix, x), min(self.iy, y),
                     abs(self.ix - x), abs(self.iy - y))
        self.rect_or_mask = 0
        print(" Now press the key 'n' a few times until no further change \n")

    #交互操作
```

```
        if event == cv2.EVENT_LBUTTONDOWN:
            if self.rect_over == False:
                print("draw object first \n")
            else:
                self.drawing = True
                cv2.circle(self.img, (x, y), self.radius, self.value
['color'], -1)
                cv2.circle(self.mask, (x, y), self.radius, self.value
['val'], -1)
        elif event == cv2.EVENT_MOUSEMOVE:
            if self.drawing == True:
                cv2.circle(self.img, (x, y), self.radius, self.value
['color'], -1)
                cv2.circle(self.mask, (x, y), self.radius, self.value
['val'], -1)
        elif event == cv2.EVENT_LBUTTONUP:
            if self.drawing == True:
                self.drawing = False
                cv2.circle(self.img, (x, y), self.radius, self.value
['color'], -1)
                cv2.circle(self.mask, (x, y), self.radius, self.value
['val'], -1)
```

（7）定义运行函数：

```
    def run(self):
        #复制
        self.img2 = self.img.copy()
        #初始化一个mask图像
        self.mask = np.zeros(self.img.shape[:2], dtype=np.uint8)
        self.output = np.zeros(self.img.shape, np.uint8)

        cv2.namedWindow('output')
        cv2.namedWindow('input')
        cv2.setMouseCallback('input', self.onmouse)
        cv2.moveWindow('input', self.img.shape[1] + 10, 0)

        print('通过右键在需要分割的物体上绘制矩形框')

        while(1):
            cv2.imshow('output', self.output)
            cv2.imshow('input', self.img)
            k = cv2.waitKey(1)

            #
```

```
        if k == 27 or k == ord('q'):                    #按【esc】或【q】键退出
            break
        elif k == ord('0'):                             #绘制背景
            print("通过鼠标左键标记前景区域 \n")
            self.value = DRAW_BG
        elif k == ord('1'):                             #绘制前景
            print("通过鼠标左键标记前景区域 \n")
            self.value = DRAW_FG
        elif k == ord('2'):                             #绘制疑似背景
            self.value = DRAW_PR_BG
        elif k == ord('3'):                             #绘制疑似前景
            self.value = DRAW_PR_FG
        elif k == ord('s'):                             #保存图像
            bar = np.zeros((self.img.shape[0], 5, 3), np.uint8)
            res = np.hstack((self.img2, bar, self.img, bar, self.output))
            cv2.imwrite('grabcut_output_result.png', res)
            print('结果保存为grabcut_output_result.png\n')
        elif k == ord('r'):                             #重置程序
            print('reset all settings ...\n')
            self.rect = (0, 0, 1, 1)
            self.drawing = False
            self.rectangle = False
            self.rect_or_mask = 100
            self.rect_over = False
            self.value = DRAW_FG
            self.img = self.img2.copy()

            self.mask = np.zeros(self.img.shape[:2], dtype=np.uint8)
            self.output = np.zeros(self.img.shape, np.uint8)
        elif k == ord('n'):
            print("for finer touchups, mark foreground and background
after pressing keys 0-3")
            try:
                bgdmodel = np.zeros((1, 65), np.float64)
                fgdmodel = np.zeros((1, 65), np.float64)
                if (self.rect_or_mask == 0):      #原始矩形
                    cv2.grabCut(self.img2, self.mask, self.rect, bgdmodel,
                                fgdmodel, 1, cv2.GC_INIT_WITH_RECT)
                    self.rect_or_mask = 1
                elif (self.rect_or_mask == 1):    #图割算法后
                    cv2.grabCut(self.img2, self.mask, self.rect, bgdmodel,
                                fgdmodel, 5, cv2.GC_INIT_WITH_MASK)
            except:
                import traceback
```

```
                traceback.print_exc()
            mask2 = np.where((self.mask == 1) + (self.mask == 3), 255, 0).
astype('uint8')
            cv2.imshow('mask2', mask2)
            self.output = cv2.bitwise_and(self.img2, self.img2, mask=mask2)
        cv2.destroyAllWindows()
```

（8）定义程序运行单元:

```
if __name__== '__main__':
    app = GrabCutApp('data/coins.jpg')
    print(app.__doc__)
    app.run()
```

（9）右击代码窗口，运行程序，在“Input窗口”中按住鼠标右键，绘制矩形后，按【n】键，可以得到前景区域，如图5-19所示。

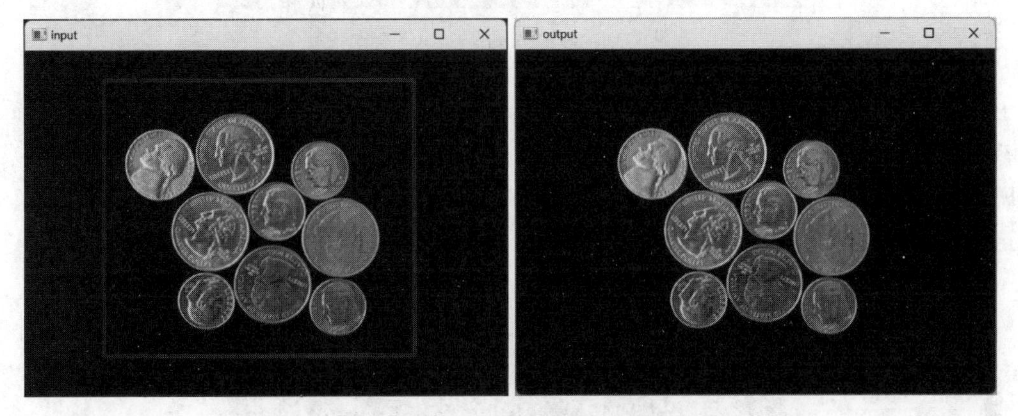

图 5-19　交互式分割，实现一键获取前景（抠图）功能

也可以先按【0】键或【2】键，用鼠标左键标记背景区域，再按【1】键或【3】键，用鼠标右键标记前景区域，最后按【n】键，完成精细化前景区域提取，如图5-20所示，通过将某个硬币用“0”标记为确定背景，可将其从最后的提取结果中剔除。

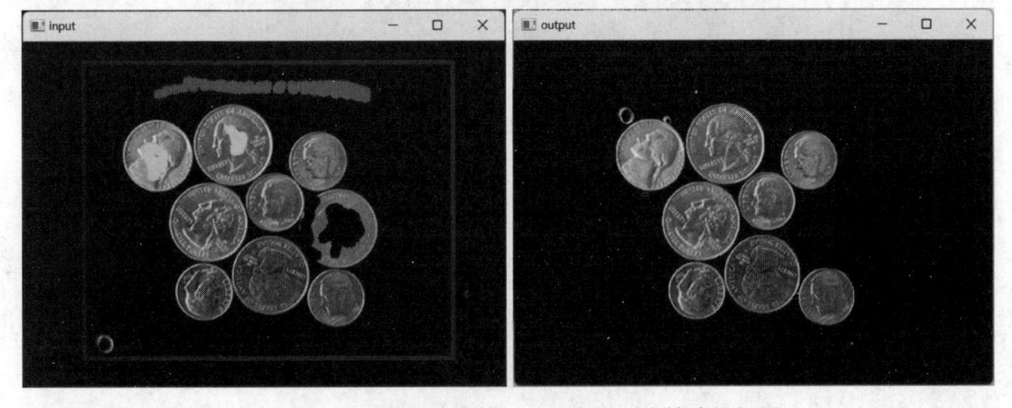

图 5-20　通过精细化涂抹，可以完成更为精确的抠图

项目实战 2　锡球轮廓提取及面积计算

下面通过一个实战例子，综合应用本章所学知识内容。在集成电路领域，一般通过球栅阵列封装（ball grid array package，BGA），如图5-21所示。

图 5-21　球栅阵列（BGA）封装

在实际封装过程中，在工艺上会出现BGA焊球丢失或变形，焊点存在桥接、开路、钎料不足、缺球、气孔、移位等缺陷，以上问题一般通过工业X光成像后，利用OpenCV或Halcon等软件完成视觉检测。在视觉检测的预处理过程中，一般需要将单个球提取出来，这里给出一种锡球提取的方法，对应处理的图片如图5-22所示。

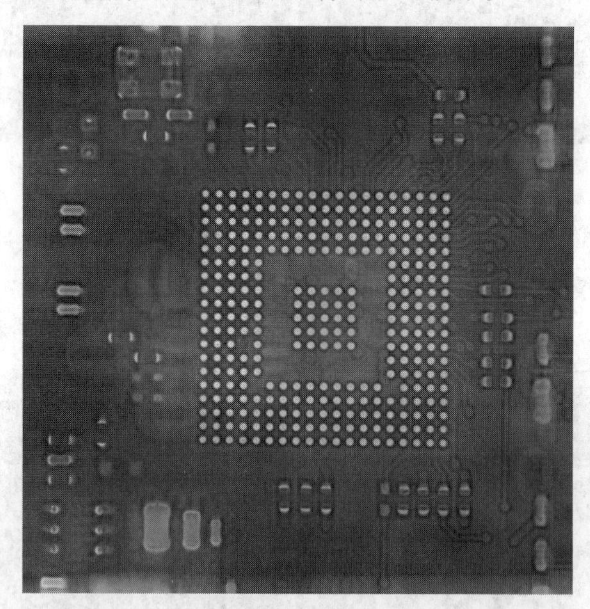

图 5-22　需要提取锡球的 X 光原始图像

具体步骤如下：

（1）在项目chp5下创建名为bga_ball_cut.py的Python文件，并导入模块：

```
import cv2
import numpy as np
```

（2）由于图像较大，定义一个图像显示函数，便于观测中间结果：

```
def cvshow(name, img):
    cv2.namedWindow(name, cv2.WINDOW_NORMAL)
    cv2.resizeWindow(name, 720, 720)
    cv2.imshow(name, img)
```

（3）读取图片：

```
img = cv2.imread('data/bga.jpg', 0)
cvshow('bga', img)
```

（4）完成阈值分割：

```
ret, thresh = cv2.threshold(img, 0, 255, cv2.THRESH_BINARY | cv2.
THRESH_OTSU)
cvshow('binary', thresh)
```

（5）查找图片轮廓：

```
contours, hierarchy = cv2.findContours(thresh, cv2.RETR_EXTERNAL, cv2.
CHAIN_APPROX_SIMPLE)
#显示图像轮廓，供下一步分析
img_bgr = cv2.cvtColor(img, cv2.COLOR_GRAY2BGR)
cv2.drawContours(img_bgr, contours, -1, (0, 0, 255), 3)
cvshow('contours', img_bgr)
```

当前显示的轮廓结果如图5-23所示。

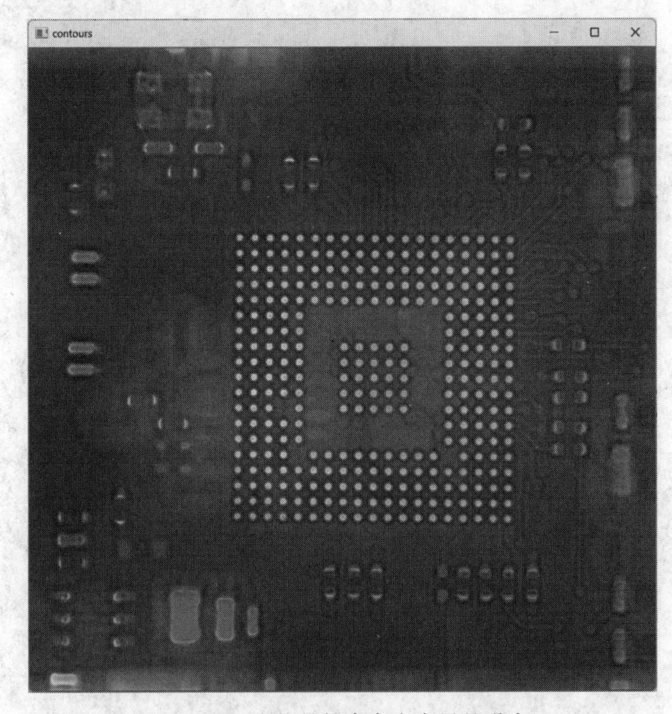

图 5-23　查找的轮廓存在大量的噪声

（6）过滤轮廓中符合需求的锡球，由于锡球是圆的，这里利用圆度进行过滤，圆度是指工件的横截面接近理论圆的程度：

```
balls = list()
#过滤球轮廓
for contour in contours:
    #计算锡球面积
    ballArea = cv2.contourArea(contour)
    center, radius = cv2.minEnclosingCircle(contour)
    circleArea = 3.1415926 * radius * radius
    roundness = ballArea / circleArea
    #根据圆度及半径过滤，更多的过滤条件可以结合工程需求
    if roundness > 0.83  and 9 <= radius <= 25:
       balls.append(contour)
```

（7）绘制过滤后的球轮廓信息

```
img_ball = cv2.cvtColor(img, cv2.COLOR_GRAY2BGR)
cv2.drawContours(img_ball, balls, -1, (0, 0, 255), 3)
cvshow('balls', img_ball)
cv2.waitKey(0)
cv2.destroyAllWindows()
```

程序运行结果如图5-24所示。

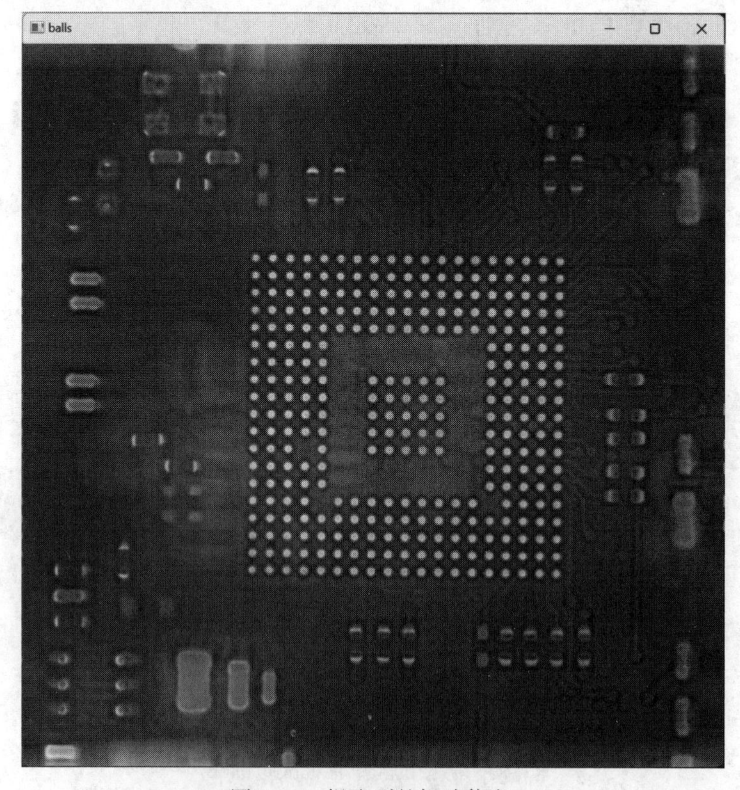

图 5-24　提取到的锡球信息

小 结

本章主要介绍了图像分割的基本方法，主要思路是利用图像的空间差异，例如基于图像灰度值的相似性进行图像阈值处理，或者基于候选像素点进行区域生长和聚类，此外，还可以基于灰度值的差异变化实现点、线和边缘的检测。

在代码实战中可以发现，图像分割需要设置很多参数，这些在任务开始之前需要设置值的参数称为超参数（hyper-parameters）。在计算机视觉中，超参数的设置需要结合上下文和算法进行，超参数设置的好坏对图像处理算法性能有较大影响。自深度学习技术发展以来，一般通过深度学习训练方法，自动学习图像特征，实现超参数的隐化设置（latent-parameters）。

第6章 目标检测

本章要点

◎模板匹配

◎基于特征匹配

◎深度学习Pytorch环境安装

6.1 目标检测概述

视频

目标检测概述

目标检测是计算机视觉领域的核心问题之一，其任务就是找出图像中所有感兴趣的目标，确定其类别和位置，如图6-1所示。

图6-1 目标检测

由于各类不同物体有不同的外观、姿态，以及不同程度的遮挡，加上成像时光照等因素的干扰，目标检测一直以来是一个很有挑战性的问题。

目标检测包含如下两层含义：

（1）判定图像上有哪些目标物体，解决目标物体存在性的问题。

（2）判定图像中目标物体的具体位置，解决目标物体在哪里的问题。

6.2 模板匹配

视频

模板匹配

模板匹配是在图像中寻找目标的方法之一。模板是指一幅已知的小图像，而模板匹配就是在一幅大图像中搜寻目标，已知该图中有要找的目标，且该目标同模板有相同的尺寸、方向和图像元素，通过一定的算法可以在图中找到目标，确定其坐标位置，如图6-2所示。

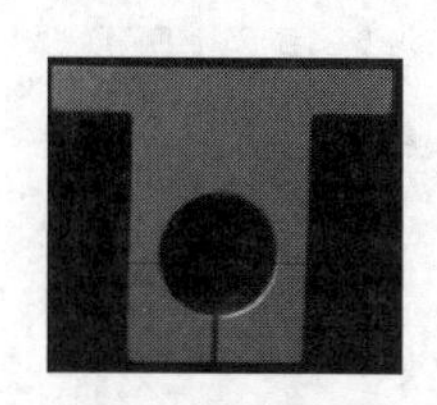

（a）已知模板

（b）大图像

图 6-2 模板匹配

假设有一张100×100的输入图像，有一张10×10的模板图像，模板匹配通过在输入图像上滑动图像块对实际的图像块和输入图像进行匹配，具体过程如下：

（1）从输入图像的左上角(0,0)开始，切割一块(0,0)至(10,10)的临时图像。

（2）用临时图像和模板图像进行对比，对比结果记为c。

（3）将对比结果c的值保存到结果图像(0,0)处。

（4）切割输入图像从(0,1)至(10,11)的临时图像，对比，并记录到结果图像(0,1)位置。

（5）重复（1）～（4）步，直到输入图像的右下角。

以上过程称为滑动窗口。

临时图像和模板图像进行对比时，OpenCV支持以下6种对比方式：

① cv2.TM_SQDIFF平方差匹配法：该方法采用平方差进行匹配；最好的匹配值为0；匹配越差，匹配值越大。

② cv2.TM_CCORR相关匹配法：该方法采用乘法操作；数值越大表明匹配程度越好。

③ cv2.TM_CCOEFF相关系数匹配法：1表示完美的匹配；-1表示最差的匹配。

④ cv2.TM_SQDIFF_NORMED归一化平方差匹配法。

⑤ cv2.TM_CCORR_NORMED归一化相关匹配法。

⑥ cv2.TM_CCOEFF_NORMED归一化相关系数匹配法。

通过如下步骤完成本章的案例，本节对应的图片位于配套资源chp6/data文件夹下。

（1）打开PyCharm，创建名为chp6的项目文件。

（2）在项目中创建名为template_matching.py的Python文件。

（3）输入如下代码：

```
import cv2

#读取大图
src = cv2.imread('data/image_1.png', 1)
cv2.imshow("ori", src)
imgGray = cv2.cvtColor(src, cv2.COLOR_BGR2GRAY)

#读取模板图
template = cv2.imread('data/image_1_template.png', 0)

#模板匹配
# cv2.TM_SQDIFF_NORMED, cv2.TM_CCORR_NORMED, cv2.TM_CCOEFF_NORMED
res = cv2.matchTemplate(imgGray, template, cv2.TM_CCOEFF_NORMED)

#显示匹配结果
min_val,max_val,min_loc,max_loc=cv2.minMaxLoc(res)
top_left=max_loc
h, w = template.shape[:2]
bottom_right=(top_left[0]+w,top_left[1]+h)
cv2.rectangle(src, top_left,bottom_right,(0,255,0),2)    #绘制匹配矩形
cv2.imshow("result", src)
cv2.waitKey(0)
```

（4）运行程序，得到的输出结果如图6-3所示。

图 6-3　模板匹配结果

从图6-3中可以发现，当前的模板匹配方法具有一定的局限性，主要表现在它只能进行平行移动，若原图像中的匹配目标发生旋转或大小变化，该算法无效。

如果需要进一步进行旋转不变的模板匹配，可以参考配套资源下对应章节中的Invariant-TemplateMatching.py自行练习，旋转变化后的模板匹配如图6-4所示。

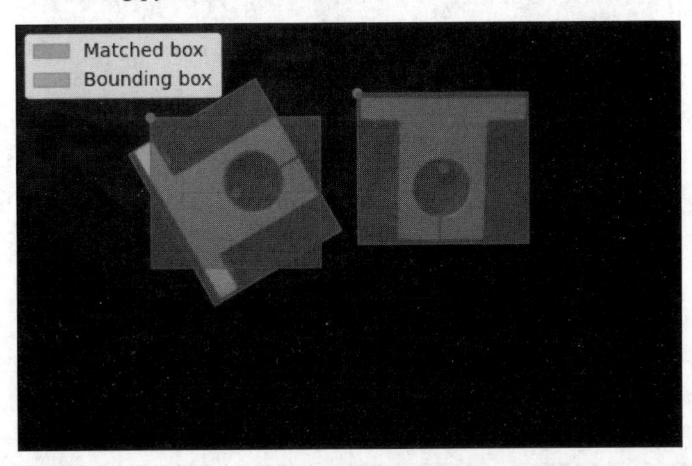

图 6-4　旋转不变的模板匹配结果

6.3 特征匹配

除了进行模板匹配外，OpenCV还为用户提供了特征匹配算法来查找图像中的目标。

视　频

特征匹配概念及HOG特征

6.3.1　图像特征理解

图像特征是图像中独特的，易于跟踪和比较的特定模板或特定结构。图像特征提取与匹配是计算机视觉中的一个关键问题，在目标检测、物体识别、三维重建、图像配准、图像理解等具体应用中发挥着重要作用。

图像特征主要有图像的颜色特征、纹理特征、形状特征和空间关系特征。

1. 颜色特征

颜色特征是一种全局特征，描述了图像或图像区域所对应的景物的表面性质。颜色特征描述方法包括颜色直方图、颜色空间和颜色分布等。

2. 纹理特征

纹理特征也是一种全局特征，它也描述了图像或图像区域所对应景物的表面性质。但由于纹理只是一种物体表面的特性，并不能完全反映出物体的本质属性，所以仅仅利用纹理特征是无法获得高层次图像内容的，如图6-5所示。

3. 形状特征

形状特征有两类表示方法，一类是轮廓特征，另一类是区域特征。图像的轮廓特征主要针对物体的外边界，而图像的区域特征则描述了图像中的局部形状特征，如图6-6所示。

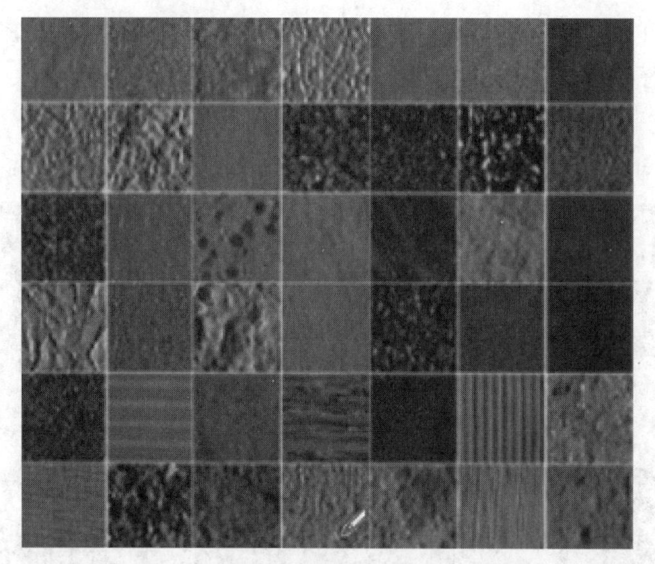

图 6-5　图像的纹理特征

图 6-6　形状特征

4．空间关系特征

空间关系特征是指图像中分割出来的多个目标之间的相互的空间位置或相对方向关系，这些关系也可分为连接/邻接关系，交叠/重叠关系和包含/独立关系等。

6.3.2 图像特征描述

在OpenCV中提供了多种特征描述方法，主要包括：

1．方向梯度直方图（HOG）特征描述

方向梯度直方图（histogram of oriented gradient，HOG）特征是一种在计算机视觉和图像处理中用来进行物体检测的特征描述子，要用来提取形状特征，它通过计算和统计图像局部区域的梯度直方图来构成特征。

Hog特征结合SVM分类器已经被广泛应用于图像识别中，尤其在行人检测中获得了极大的成功。其主要实现过程为：

（1）灰度化（将图像看作一个x、y、z（灰度）的三维图像）。

（2）采用Gamma校正法对输入图像进行颜色空间的标准化（归一化）。

（3）计算图像每个像素的梯度（包括大小和方向）。

（4）将图像划分成小cells。

（5）统计每个cell的梯度直方图（不同梯度的个数），得到cell的描述子。

（6）将几个cell组成一个block，得到block的描述子。

（7）将图像image内的所有block的HOG特征descriptor串联起来就可以得到HOG特征，该特征向量就是用来进行目标检测或分类的特征。

在chp6中添加名为hog_feature_detection.py的Python文件，并添加如下代码：

```
import  cv2

#判断矩形i是否完全包含在矩形o中
def is_inside(o, i):
    ox, oy, ow, oh = o
    ix, iy, iw, ih = i
    return ox > ix and oy > iy and ox + ow < ix + iw and oy + oh < iy + ih


#对人体绘制颜色框
def draw_person(image, person):
    x, y, w, h = person
    cv2.rectangle(image, (x, y), (x + w, y + h), (0, 255, 255), 2)


img = cv2.imread("data/people.jpeg")
hog = cv2.HOGDescriptor()                              #启动检测器对象
hog.setSVMDetector(cv2.HOGDescriptor_getDefaultPeopleDetector())
                                                       #指定检测器类型为人体
found, w = hog.detectMultiScale(img, 0.1, (2, 2)) #加载并检测图像
print(found)
print(w)
```

```
#丢弃某些完全被其他矩形包含在内的矩形
found_filtered = []
for ri, r in enumerate(found):
    for qi, q in enumerate(found):
        if ri != qi and is_inside(r, q):
            break

    else:
        found_filtered.append(r)
        print(found_filtered)
#对不包含在内的有效矩形进行颜色框定
for person in found_filtered:
    draw_person(img, person)
cv2.imshow("people detection", img)
cv2.waitKey(0)
cv2.destroyAllWindows()
```

运行程序，输入结果如图6-7所示。

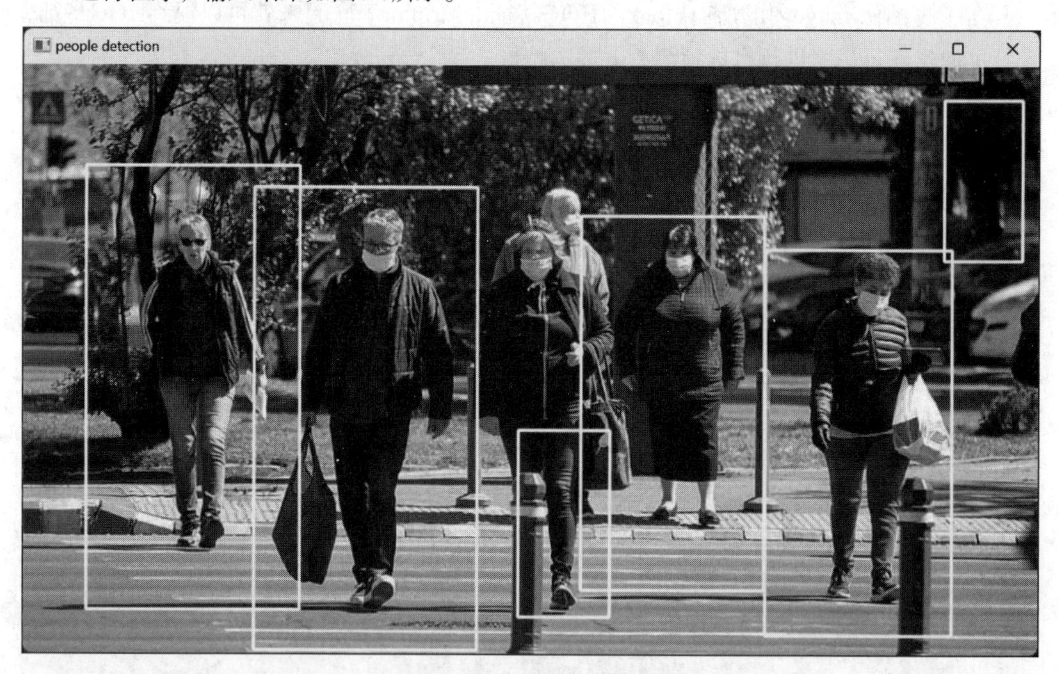

图 6-7　HOG 目标检测结果

2．Harr特征

Haar特征分为四种类型，即边缘特征、线性特征、中心特征和对角线特征。将这些特征组合成特征模板，特征模板内有白色和黑色两种矩形，并定义该模板的特征值为白色矩形像素之和减去黑色矩形像素之和。Lienhart R等人对Haar-like矩形特征库做了进一步扩展，扩展后的特征大致分为四种类型，即边缘特征、线性特征、圆心环绕特征和特定方向特征，如图6-8所示。

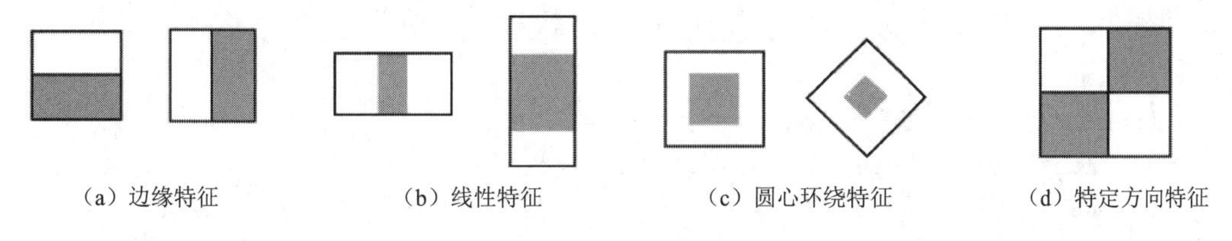

图 6-8 Harr 特征

在OpenCV中提供了基于Haar特征级联分类器的对象检测方法。创建名为harr_face_detection.py的Python文件，输入代码如下：

```
    import cv2 as cv
    import argparse
    def detectAndDisplay(frame):
        frame_gray = cv.cvtColor(frame, cv.COLOR_BGR2GRAY)
        frame_gray = cv.equalizeHist(frame_gray)
        #检测人脸
        faces = face_cascade.detectMultiScale(frame_gray)
        for (x,y,w,h) in faces:
            center = (x + w//2, y + h//2)
            frame = cv.ellipse(frame, center, (w//2, h//2), 0, 0, 360,
(255, 0, 255), 4)
            faceROI = frame_gray[y:y+h,x:x+w]
            #在每张人脸中进一步检测人眼
            eyes = eyes_cascade.detectMultiScale(faceROI)
            for (x2,y2,w2,h2) in eyes:
                eye_center = (x + x2 + w2//2, y + y2 + h2//2)
                radius = int(round((w2 + h2)*0.25))
                frame = cv.circle(frame, eye_center, radius, (255, 0, 0 ), 4)
        cv.imshow('Capture - Face detection', frame)
    parser = argparse.ArgumentParser(description='Code for Cascade Classifier
tutorial.')
    parser.add_argument('--face_cascade', help='Path to face cascade.',
default='data/haarcascades/haarcascade_frontalface_alt.xml')
    parser.add_argument('--eyes_cascade', help='Path to eyes cascade.',
default='data/haarcascades/haarcascade_eye_tree_eyeglasses.xml')
    parser.add_argument('--camera', help='Camera divide number.',
type=int, default=0)
    args = parser.parse_args()
    face_cascade_name = args.face_cascade
    eyes_cascade_name = args.eyes_cascade
    face_cascade = cv.CascadeClassifier()
    eyes_cascade = cv.CascadeClassifier()
    #1.读取级联分类器
    if not face_cascade.load(cv.samples.findFile(face_cascade_name)):
```

```
    print('--(!)Error loading face cascade')
    exit(0)
if not eyes_cascade.load(cv.samples.findFile(eyes_cascade_name)):
    print('--(!)Error loading eyes cascade')
    exit(0)
camera_device = args.camera
#2.读取视频流
cap = cv.VideoCapture(camera_device)
if not cap.isOpened:
    print('--(!)Error opening video capture')
    exit(0)
while True:
    ret, frame = cap.read()
    if frame is None:
        print('--(!) No captured frame -- Break!')
        break
    detectAndDisplay(frame)
    if cv.waitKey(10) == 27:
        break
```

运行程序，输入结果如图6-9所示。

图 6-9　基于 Haar 特征的人脸检测

3. 角点特征

在现实世界中，角点对应于物体的拐角，道路的十字路口、丁字路口等，如图6-10所示。从图像分析的角度来看，角点有以下两种定义：

（1）角点可以是两个边缘的交点。

（2）角点是邻域内具有两个主方向的特征点。

前者通过图像边缘计算，计算量大，图像局部变化会对结果产生较大的影响，后者基于图像灰度的方法通过计算点的曲率及梯度来检测角点。

角点所具有的特征：

（1）轮廓之间的交点。

（2）对于同一场景，即使视角发生变化，通常具备稳定性质的特征。

（3）该点附近区域的像素点无论在梯度方向上还是其梯度幅值上有着较大变化。

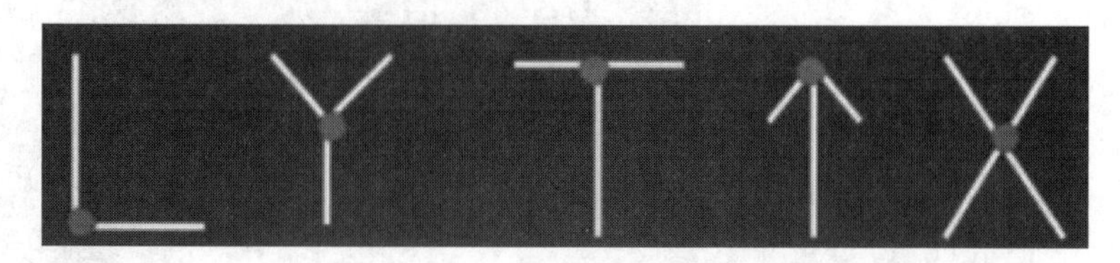

图 6-10　不同类型的角点

在OpenCV中，提供了Harris、Shi-Tomasi、SIFT、SURF和ORB等多种角点描述方法，除了API名称不同外，其使用方法大同小异。ORB角点检测方法的代码如下，对应文件名为ord_corner_detect.py。

```
import cv2

img = cv2.imread('data/blox.jpg',0)
#初始化ORB特征检测器
orb = cv2.ORB_create()
#利用ORB特征检测器找到关键特征点
kp = orb.detect(img,None)
#利用ORB特征检测器计算特征描述子
kp, des = orb.compute(img, kp)
#绘制关键点位置，不包括大小和朝向
img2 = cv2.drawKeypoints(img, kp, None, color=(0,255,0), flags=0)
cv2.imshow("corners", img2)
cv2.waitKey(0)
```

程序运行结果如图6-11所示。

图 6-11　角点检测

6.3.3 基于特征匹配的目标检测

在6.2节，通过模板匹配完成了在图像中进行目标检测，但是模板匹配仅对于固定视角作用良好，对于视角变换的场景（见图6-12）效果不佳。

（a）模板图

（b）待测图像

图 6-12　在视角变换的情况下进行目标检测

这里可以利用本节介绍的特征描述算子进行目标检测，具体方法如下：

（1）创建名为feature_matching.py的Python文件。

（2）在参考图像和目标图像中找到SIFT（scale-invariant feature transform）特征，SIFT是对图像的大小和旋转变化保持健壮的特征。

```
import numpy as np
import cv2 as cv
from matplotlib import pyplot as plt

MIN_MATCH_COUNT = 10
img1 = cv.imread('data/box.png',0)                              #模板图像
img2 = cv.imread('data/box_in_scene.png',0)                     #待测图像

#初始化特征检测器
sift = cv.SIFT_create()

#查找参考图和目标图的SIFT关键点和描述器
kp1, des1 = sift.detectAndCompute(img1,None)
kp2, des2 = sift.detectAndCompute(img2,None)
```

（3）通过以下代码观察查找到的特征点。

```
kp_img1 = cv.drawKeypoints(img1, kp1, None, color=(0,255,0), flags=0)
cv.imshow("kp1", kp_img1)
kp_img2 = cv.drawKeypoints(img2, kp2, None, color=(0,255,0), flags=0)
```

```
cv.imshow("kp2", kp_img2)
cv.waitKey(0)
```

（4）运行程序，得到图6-13所示的结果。

图 6-13 SIFT 特征点

（5）添加如下代码，建立模板图像与待测图像之间的匹配关系。

```
#查找两幅图像的最佳匹配点
FLANN_INDEX_KDTREE = 1
index_params = dict(algorithm = FLANN_INDEX_KDTREE, trees = 5)
search_params = dict(checks = 50)
flann = cv.FlannBasedMatcher(index_params, search_params)
matches = flann.knnMatch(des1,des2,k=2)
#保存匹配度较高的点
good = []
for m,n in matches:
    if m.distance < 0.7*n.distance:
        good.append(m)
```

（6）如果（5）步查找到匹配点个数超过预设阈值MIN_MATCH_COUNT（默认值为10），则执行匹配操作。

```
#保存10个匹配点
if len(good)>MIN_MATCH_COUNT:
    src_pts = np.float32([ kp1[m.queryIdx].pt for m in good ]).reshape(-1,1,2)
    dst_pts = np.float32([ kp2[m.trainIdx].pt for m in good ]).reshape(-1,1,2)
    M, mask = cv.findHomography(src_pts, dst_pts, cv.RANSAC,5.0)
    matchesMask = mask.ravel().tolist()
    h,w = img1.shape
    pts = np.float32([ [0,0],[0,h-1],[w-1,h-1],[w-1,0] ]).reshape(-1,1,2)
    dst = cv.perspectiveTransform(pts,M)
    result = cv.cvtColor(img2, cv.COLOR_GRAY2BGR)
    result = cv.polylines(result,[np.int32(dst)],True, (0, 255, 0), 3,
cv.LINE_AA)
```

```
        cv.imshow("img2", result)
        cv.waitKey(0)
    else:
        print( "Not enough matches are found - {}/{}".format(len(good),
MIN_MATCH_COUNT) )
        matchesMask = None
```

其中cv.findHomography()函数的作用为查找两个点集合间的透视变换矩阵，cv.perspectiveTransform()函数的作用为执行坐标间的透视变换，从而定位目标位置。

（7）运行程序，得到查找结果如图6-14所示。

图 6-14　查找到的目标结果

（8）绘制模板图像与检测目标之间的对应关系：

```
draw_params = dict(matchColor = (0,255,0), # draw matches in green color
                   singlePointColor = None,
                   matchesMask = matchesMask, # draw only inliers
                   flags = 2)
img3 = cv.drawMatches(img1,kp1,img2,kp2,good,None,**draw_params)
cv.imshow("feature matching", img3)
cv.waitKey(0)
```

（9）运行程序，最终结果如图6-15所示。

图 6-15　特征匹配结果

项目实战　疲劳驾驶检测

视 频

疲劳驾驶检测–人脸定位

对于人脸疲劳度检测的步骤，首先是定位人脸，其次是识别眨眼、打哈欠等动作。人脸定位的核心是在人脸上绘制的若干标记点，标记点一般画在边、角、轮廓、交叉、等分等关键位置，借助它们就可以描述人脸的形态（shape）。

现在常用的开源landmark检测工具是dlib，其开源模型中的landmark包含68个点，按顺序来说：1～17是下颌线，18～22是右眼眉，13～27是左眼眉，28～36是鼻子，37～42是右眼，43～48是左眼，49～61是嘴外轮廓，62～68是嘴内轮廓，如图6-16所示。

视 频

疲劳驾驶检测–人脸检测库安装

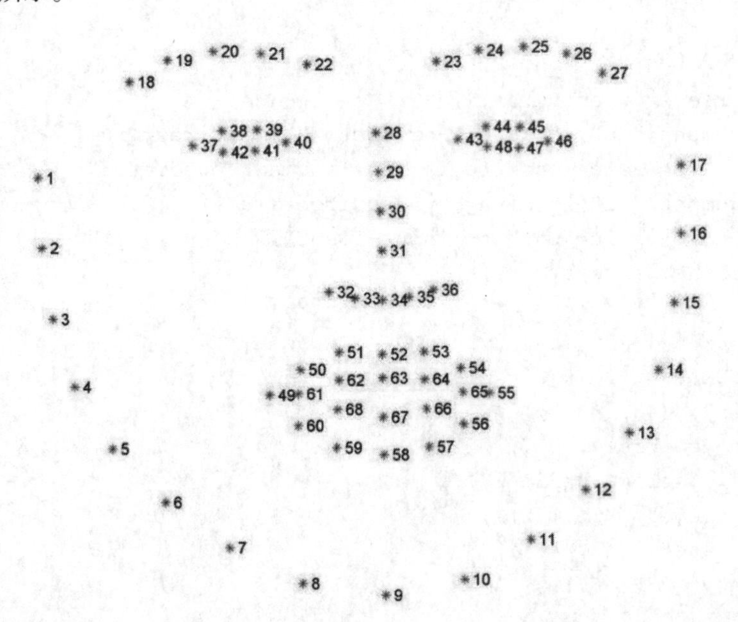

图 6-16　标记点

在完成标记后，算法基于HOG特征进行描述，用300w的图片库进行训练（iBUG 300-W face landmark dataset），最终采用线性分类器等到最终结果。

进行人脸检测的步骤如下：

（1）下载人脸库dlib，本书中采用OpenCV 3.9，该文件无法通过pip install模式安装，可以从配套资源中复制dlib-19.23.0-cp39-cp39-win_amd64.whl文件到项目文件夹，其他版本的OpenCV可从清华大学开源软件镜像站下载。

（2）找到对应下载文件夹，通过如下命令安装dlib人脸检测库：

```
conda activate opencv4.7
pip install dlib-19.23.0-cp39-cp39-win_amd64.whl
```

安装成功如图6-17所示。

```
(opencv4.7) C:\Users\宋桂岭\PycharmProjects\chp6\data>pip install dlib-19.2
3.0-cp39-cp39-win_amd64.whl
Looking in indexes: https://pypi.tuna.tsinghua.edu.cn/simple
Processing c:\users\宋桂岭\pycharmprojects\chp6\data\dlib-19.23.0-cp39-cp39
-win_amd64.whl
Installing collected packages: dlib
Successfully installed dlib-19.23.0
```

图 6-17 dlib 安装

（3）在chp6项目下添加face_detect.py的Python文件，输入代码如下：

```
#导入工具包
from collections import OrderedDict
import numpy as np
import argparse
import dlib
import cv2

#读取命令行输入参数
ap = argparse.ArgumentParser()
ap.add_argument("-p", "--shape-predictor", required=True,
                help="path to facial landmark predictor")
ap.add_argument("-i", "--image", required=True,
                help="path to input image")
args = vars(ap.parse_args())

#landmark68点索引
FACIAL_LANDMARKS_68_IDXS = OrderedDict([
    ("mouth", (48, 68)),
    ("right_eyebrow", (17, 22)),
    ("left_eyebrow", (22, 27)),
    ("right_eye", (36, 42)),
    ("left_eye", (42, 48)),
    ("nose", (27, 36)),
    ("jaw", (0, 17))
])
```

```
#landmark 5点索引
FACIAL_LANDMARKS_5_IDXS = OrderedDict([
    ("right_eye", (2, 3)),
    ("left_eye", (0, 1)),
    ("nose", (4))
])

#返回人脸 numpy数组
def shape_to_np(shape, dtype="int"):
    #创建68×2，一个点坐标包括x和y分量，所以空间需要mark点的2倍
    coords = np.zeros((shape.num_parts, 2), dtype=dtype)
    #遍历每一个关键点
    #得到坐标
    for i in range(0, shape.num_parts):
        coords[i] = (shape.part(i).x, shape.part(i).y)
    return coords


def visualize_facial_landmarks(image, shape, colors=None, alpha=0.75):
    #创建两个副本
    #创建叠加图像和输出图像
    overlay = image.copy()
    output = image.copy()
    #设置一些颜色区域
    if colors is None:
        colors = [(19, 199, 109), (79, 76, 240), (230, 159, 23),
                  (168, 100, 168), (158, 163, 32),
                  (163, 38, 32), (180, 42, 220)]
    #遍历每一个区域
    for (i, name) in enumerate(FACIAL_LANDMARKS_68_IDXS.keys()):
        #得到每一个点的坐标
        (j, k) = FACIAL_LANDMARKS_68_IDXS[name]
        pts = shape[j:k]
        #检查位置
        if name == "jaw":
            #用线条连起来
            for l in range(1, len(pts)):
                ptA = tuple(pts[l - 1])
                ptB = tuple(pts[l])
                cv2.line(overlay, ptA, ptB, colors[i], 2)
        #计算凸包
        else:
            hull = cv2.convexHull(pts)
            cv2.drawContours(overlay, [hull], -1, colors[i], -1)
    #叠加在原图上，可以指定比例
    cv2.addWeighted(overlay, alpha, output, 1 - alpha, 0, output)
```

```
    return output


#加载人脸检测与关键点定位
detector = dlib.get_frontal_face_detector()
predictor = dlib.shape_predictor(args["shape_predictor"])

#读取输入数据，预处理
image = cv2.imread(args["image"])
(h, w) = image.shape[:2]
width = 500
r = width / float(w)
dim = (width, int(h * r))
image = cv2.resize(image, dim, interpolation=cv2.INTER_AREA)
gray = cv2.cvtColor(image, cv2.COLOR_BGR2GRAY)

#人脸检测
rects = detector(gray, 1)

#遍历检测到的框
for (i, rect) in enumerate(rects):
    #对人脸框进行关键点定位
    #转换成ndarray
    shape = predictor(gray, rect)
    shape = shape_to_np(shape)

    #遍历每一部分
    for (name, (i, j)) in FACIAL_LANDMARKS_68_IDXS.items():
        clone = image.copy()
        cv2.putText(clone, name, (10, 30), cv2.FONT_HERSHEY_SIMPLEX,
                0.7, (0, 0, 255), 2)

        #根据位置画点
        for (x, y) in shape[i:j]:
            cv2.circle(clone, (x, y), 3, (0, 0, 255), -1)

        #提取ROI区域
        (x, y, w, h) = cv2.boundingRect(np.array([shape[i:j]]))

        roi = image[y:y + h, x:x + w]
        (h, w) = roi.shape[:2]
        width = 250
        r = width / float(w)
        dim = (width, int(h * r))
        roi = cv2.resize(roi, dim, interpolation=cv2.INTER_AREA)

        #显示每一部分
```

```
        cv2.imshow("ROI", roi)
        cv2.imshow("Image", clone)
        cv2.waitKey(0)

    #展示所有区域
    output = visualize_facial_landmarks(image, shape)
    cv2.imshow("Image", output)
    cv2.waitKey(0)
```

（4）运行程序，配置项如图6-18所示。

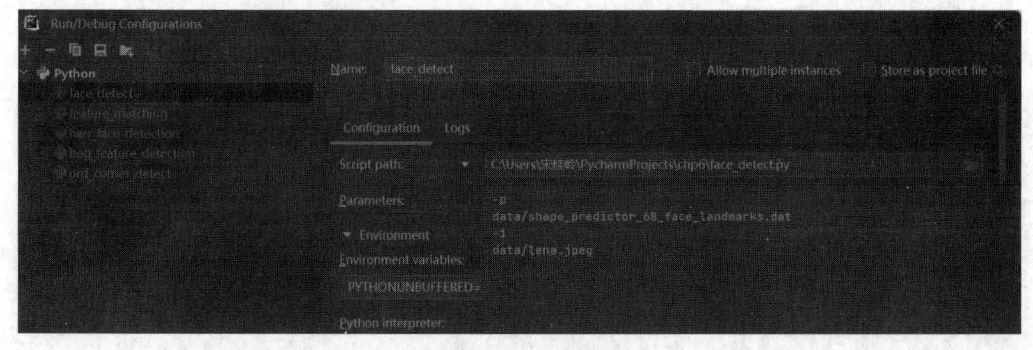

图 6-18　配置运行项

其中第一个参数为人脸检测模型shape_predictor_68_face_landmarks.dat，可以在配套资源的chp6/data文件夹中下载，第二个参数为人脸图像。

完整的执行代码如下：

```
python face_detect.py -p data/shape_predictor_68_face_landmarks.dat
-i data/lena.jpeg
```

运行结果如图6-19所示。

图 6-19　人脸五官检测结果

在此基础上，人脸疲劳度可以通过眨眼频率检测实现，对应步骤如下：

（1）创建名为detect_blinks.py的Python文件。

（2）导入工具包：

```
from scipy.spatial import distance as dist
from collections import OrderedDict
import numpy as np
import argparse
import time
import dlib
import cv2
```

（3）定义人脸landmark索引：

```
FACIAL_LANDMARKS_68_IDXS = OrderedDict([
    ("mouth", (48, 68)),
    ("right_eyebrow", (17, 22)),
    ("left_eyebrow", (22, 27)),
    ("right_eye", (36, 42)),
    ("left_eye", (42, 48)),
    ("nose", (27, 36)),
    ("jaw", (0, 17))
])
```

（4）眼睛比例判断，用于判定是否眨眼：

```
def eye_aspect_ratio(eye):
    #计算距离，竖直的
    A = dist.euclidean(eye[1], eye[5])
    B = dist.euclidean(eye[2], eye[4])
    #计算距离，水平的
    C = dist.euclidean(eye[0], eye[3])
    #ear值
    ear = (A + B) / (2.0 * C)
    return ear
def shape_to_np(shape, dtype="int"):
    #创建68×2
    coords = np.zeros((shape.num_parts, 2), dtype=dtype)
    # 遍历每一个关键点
    # 得到坐标
    for i in range(0, shape.num_parts):
        coords[i] = (shape.part(i).x, shape.part(i).y)
    return coords
```

（5）全局参数设置：

```
#设置判断参数
EYE_AR_THRESH = 0.3
```

```
EYE_AR_CONSEC_FRAMES = 3

#初始化计数器
COUNTER = 0
TOTAL = 0

#检测与定位工具
print("[INFO] loading facial landmark predictor...")
detector = dlib.get_frontal_face_detector()
predictor = dlib.shape_predictor(args["shape_predictor"])

#分别取两个眼睛区域
(lStart, lEnd) = FACIAL_LANDMARKS_68_IDXS["left_eye"]
(rStart, rEnd) = FACIAL_LANDMARKS_68_IDXS["right_eye"]
```

（6）读取检测视频：

```
print("[INFO] starting video stream thread...")
vs = cv2.VideoCapture(args["video"])
# vs = FileVideoStream(args["video"]).start()
time.sleep(1.0)
```

（7）检测每一帧，读取眨眼次数：

```
while True:
    #预处理
    frame = vs.read()[1]
    if frame is None:
        break

    (h, w) = frame.shape[:2]
    width = 1200
    r = width / float(w)
    dim = (width, int(h * r))
    frame = cv2.resize(frame, dim, interpolation=cv2.INTER_AREA)
    gray = cv2.cvtColor(frame, cv2.COLOR_BGR2GRAY)

    #检测人脸
    rects = detector(gray, 0)

    #遍历每一个检测到的人脸
    for rect in rects:
        #获取坐标
        shape = predictor(gray, rect)
        shape = shape_to_np(shape)
```

```
            #分别计算ear值
            leftEye = shape[lStart:lEnd]
            rightEye = shape[rStart:rEnd]
            leftEAR = eye_aspect_ratio(leftEye)
            rightEAR = eye_aspect_ratio(rightEye)

            #算一个平均的
            ear = (leftEAR + rightEAR) / 2.0

            #绘制眼睛区域
            leftEyeHull = cv2.convexHull(leftEye)
            rightEyeHull = cv2.convexHull(rightEye)
            cv2.drawContours(frame, [leftEyeHull], -1, (0, 255, 0), 1)
            cv2.drawContours(frame, [rightEyeHull], -1, (0, 255, 0), 1)

            #检查是否满足阈值
            if ear < EYE_AR_THRESH:
                COUNTER += 1

            else:
                #如果连续几帧都是闭眼的，总数算一次
                if COUNTER >= EYE_AR_CONSEC_FRAMES:
                    TOTAL += 1

                #重置
                COUNTER = 0

            #显示
            cv2.putText(frame, "Blinks: {}".format(TOTAL), (10, 30),
                        cv2.FONT_HERSHEY_SIMPLEX, 0.7, (0, 0, 255), 2)
            cv2.putText(frame, "EAR: {:.2f}".format(ear), (300, 30),
                        cv2.FONT_HERSHEY_SIMPLEX, 0.7, (0, 0, 255), 2)

        cv2.imshow("Frame", frame)
        key = cv2.waitKey(10) & 0xFF

        if key == 27:
            break

    vs.release()
    cv2.destroyAllWindows()
```

检测结果如图6-20所示。

图 6-20 根据眨眼频率判断疲劳驾驶

小 结

目标检测作为计算机视觉领域中最根本也是最具有挑战性的问题之一，近年来受到社会各界的广泛研究与探索。作为计算机视觉领域的一项重要任务，目标检测通常需要完成的是：提供数字图像中某类视觉对象（如人类、动物或汽车）的具体位置。此外，目标检测也是许多其他任务（如实例分割、图像描述生成、目标追踪等）的重要环节。

从应用的角度来看，目标检测可以分为两个研究主题：一般场景下的目标检测和特定类别的目标检测。两者的区别是：前者类似于模拟人类的视觉和认知，主要意图是探索在统一框架下检测出不同类别物体的方法；而后者是指在特定的应用场景下的检测，如人脸检测、行人检测、车辆检测等任务。近年来，深度学习技术的飞速发展给目标检测带来了显著的突破。目标检测目前已经被广泛地应用于许多现实世界的场景中，如自动驾驶、机器人视觉、视频监控等。

目标检测的发展历程大致经历了两个历史时期：传统的目标检测时期（2014 年以前）和基于深度学习的检测时期（2014年以后）。传统的目标检测算法可以概括为以下几个步骤：首先，采取滑动窗口的方式遍历整张图像，产生一定数量的候选框；其次，提取候选框的特征；最后，利用支持向量机（SVM）等分类方法对提取到的特征进行分类，进而得到结果。

本章主要介绍了传统的目标检测算法，给出了模板匹配和特征匹配的实现方法，并对常见的特征描述算子进行了介绍。

第7章 目标跟踪

本章要点

◎目标跟踪概述

◎OpenCV目标跟踪库

◎背景差分

7.1 目标跟踪概述

视频

目标跟踪概述

目标跟踪是计算机视觉领域的一个重要分支。目前目标跟踪的通常任务是，在视频的第一帧给定一个目标的矩形框，之后该矩形框紧跟着要跟踪的物体。不过，目标跟踪与计算机视觉中的图像识别、分割、检测是分不开的，通常跟踪是这些分割检测的最后一步。

目标跟踪任务分为单目标跟踪和多目标跟踪两种。单目标跟踪任务就是在给定某视频序列初始帧的目标大小与位置的情况下，预测后续帧中该目标的大小与位置。其流程如图7-1所示，主要过程如下：

（1）输入初始化目标框，在下一帧中产生众多候选框（motion model）。

（2）提取这些候选框的特征（feature extractor），然后对这些候选框评分（observation model）。

（3）在这些评分中找一个得分最高的候选框作为预测的目标（prediction A），或者对多个预测值进行融合（ensemble）得到更优的预测目标。

多目标跟踪任务主要解决的问题是对视频中每一帧画面中标定或者想要跟踪的目标进行检测并获取在图像中的位置，对每个目标分配一个 id，在目标运动过程中，维持每个目标的 id 保持不变。

本章主要介绍单目标跟踪在OpenCV下的实现。

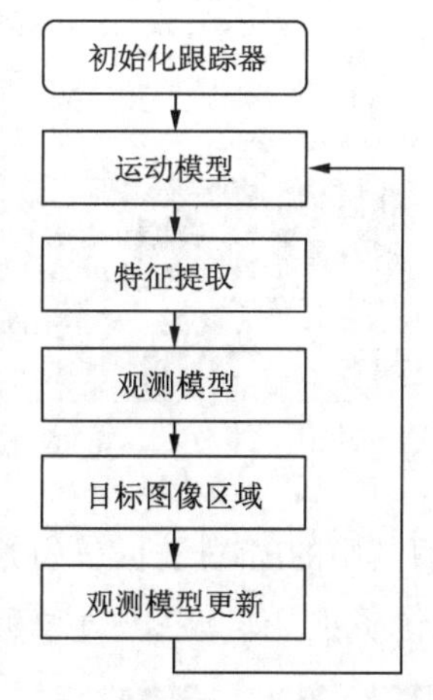

图 7-1　目标跟踪

目标跟踪的应用包括：

（1）智能视频监控：基于运动识别（基于步法的人类识别、自动物体检测等）、自动化监测（监视一个场景以检测可疑行为）、交通监视（实时收集交通数据用来指挥交通流动）。

（2）人机交互：传统人机交互是通过计算机键盘和鼠标进行的，为了使计算机具有识别和理解人的姿态、动作、手势等能力，跟踪技术是关键。

（3）机器人视觉导航：在智能机器人中，跟踪技术可用于计算拍摄物体的运动轨迹。

（4）虚拟现实：虚拟环境中3D交互和虚拟角色动作模拟直接得益于视频人体运动分析的研究成果，可给参与者更加丰富的交互形式，人体跟踪分析是其关键技术。

（5）医学诊断：跟踪技术在超声波和核磁序列图像的自动分析中有广泛应用，由于超声波图像中的噪声经常会淹没单帧图像有用信息，使静态分析十分困难，而通过跟踪技术利用序列图像中目标在几何上的连续性和时间上的相关性，可以得到更准确的结果。

视 频

数据集下载
及视频合成

7.2　目标跟踪实现

7.2.1　数据集下载

在进行跟踪任务之前，首先，我们需要获取目标跟踪的数据，VTB数据集如

图7-2所示。

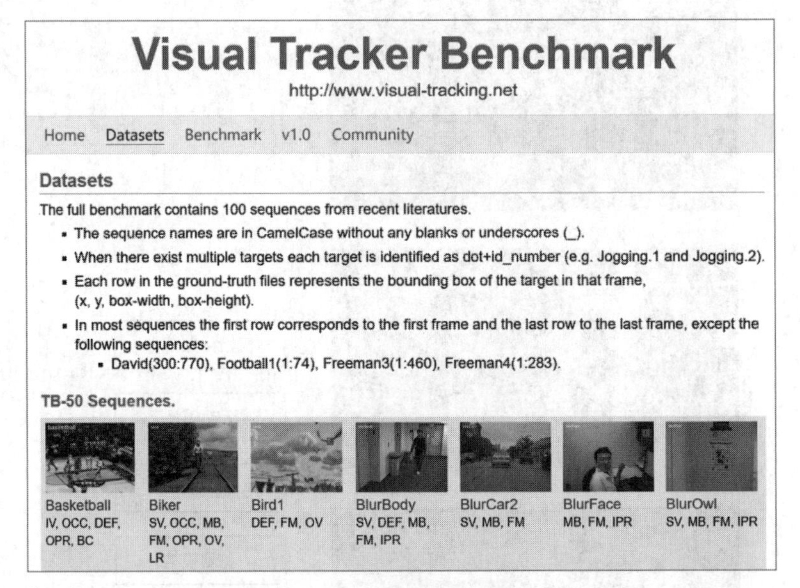

图 7-2 VTB 数据集网站

此处下载其中的Biker数据，为方便教学，读者可从配套资源chp7/data中下载，得到585张视频图像序列，如图7-3所示。

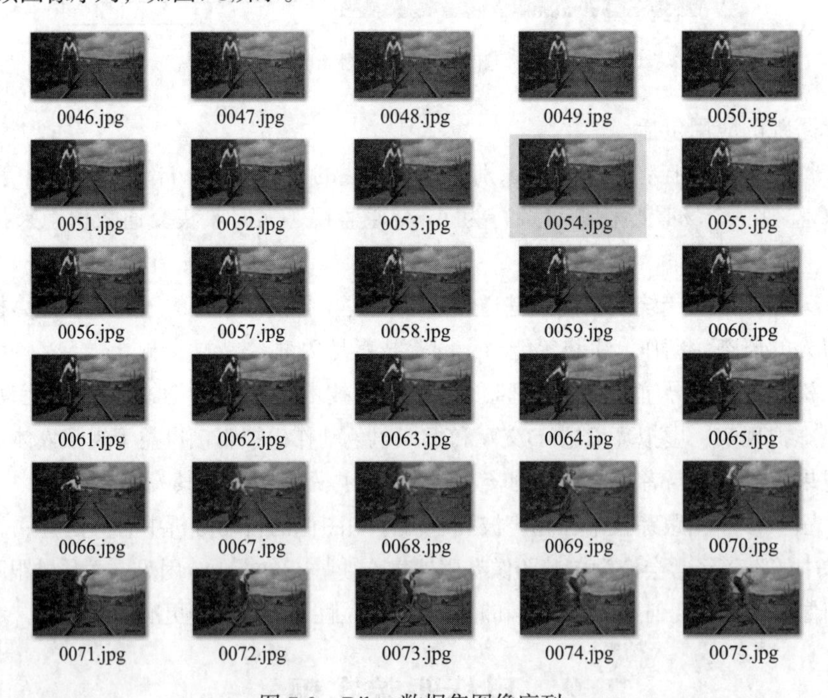

图 7-3 Biker 数据集图像序列

7.2.2 视频合成

在得到Biker图像序列后，通过如下步骤实现视频合成：

（1）打开PyCharm，创建名为chp7的Python项目。

（2）在项目中创建data文件夹，并将下载的Biker数据集复制到data文件夹内，文件结构如图7-4所示。

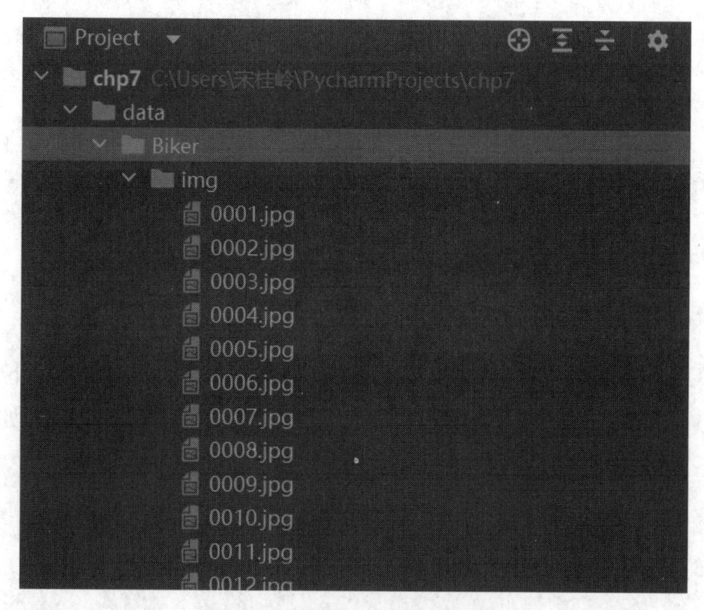

图 7-4　Biker 数据文件结构

（3）创建名为img2video.py的文件，并添加如下代码：

```
import os
import cv2

#要被合成的多张图片所在文件夹
#路径分隔符最好使用“/”，而不是“\”，“\”本身有转义的意思；或者“\\”也可以
#因为是文件夹，所以最后还要有一个“/”
file_dir = 'data/Biker/img'
list = []
for root ,dirs, files in os.walk(file_dir):
    for file in files:
        list.append(file)        # 获取目录下文件名列表

# VideoWriter是cv2库提供的视频保存方法，将合成的视频保存到该路径中
# 'MJPG'意思是支持jpg格式图片
# fps = 5代表视频的帧频为5，如果图片不多，帧频最好设置得小一点
# (640,360)是生成的视频分辨率为640像素×360像素，一般要与所使用的图片像素大小一致，否则生成的视频无法播放
# 定义保存视频目录名称和压缩格式，分辨率为640像素×360像素
video = cv2.VideoWriter('data/Biker.avi',cv2.VideoWriter_fourcc(*'MJPG'),5,(640,360))

for i in range(1,len(list)):
```

```
        #读取图片
        img = cv2.imread(file_dir+'/'+list[i-1])
        # resize()方法是cv2库提供的更改像素大小的方法
        # 将图片转换为640像素×360像素大小，如果图像大小不一致需要执行此操作
        # img = cv2.resize(img,(648,480))
        # 写入视频
        video.write(img)

    # 释放资源
    video.release()
```

（4）运行程序，在data目录下将生成Biker.avi文件。

7.2.3 OpenCV 目标跟踪实现

视 频

OpenCV目标跟踪实现

下面通过代码实现OpenCV提供的不同跟踪算法，具体步骤如下：

（1）打开Anaconda Prompt控制台，安装OpenCV扩展包，命令如下：

```
pip install opencv-contrib-python
```

（2）在项目下创建名为object_tracking.py的Python文件。

（3）输入如下代码：

```
import cv2
import sys
import cv2.legacy

if __name__ == '__main__':

    #OpenCV提供追踪器列表
    tracker_types = ['BOOSTING', 'MIL', 'KCF', 'TLD', 'MEDIANFLOW',
'MOSSE', 'CSRT']
    tracker_type = tracker_types[6]

    if tracker_type == 'BOOSTING':
        tracker = cv2.legacy.TrackerBoosting_create()
    if tracker_type == 'MIL':
        tracker = cv2.TrackerMIL_create()
    if tracker_type == 'KCF':
        tracker = cv2.legacy.TrackerKCF_create()
    if tracker_type == 'TLD':
        tracker = cv2.legacy.TrackerTLD_create()
    if tracker_type == 'MEDIANFLOW':
        tracker = cv2.legacy.TrackerMedianFlow_create()
    if tracker_type == "CSRT":
        tracker = cv2.legacy.TrackerCSRT_create()
    if tracker_type == "MOSSE":
        tracker = cv2.legacy.TrackerMOSSE_create()

    #读取视频
```

```
    video = cv2.VideoCapture("data/Biker.avi")

    #判断视频是否可以打开
    if not video.isOpened():
        print("Could not open video")
        sys.exit()

    #读取第一帧
    ok, frame = video.read()
    if not ok:
        print('Cannot read video file')
        sys.exit()

    #默认的初始化候选框位置
    bbox = (262, 94, 16, 26)

    #或者由人工设定，用鼠标绘制
    bbox = cv2.selectROI(frame, False)

    #由视频第一帧以及模板矩形框初始化追踪器
    ok = tracker.init(frame, bbox)

    while True:
        #读取下一帧
        ok, frame = video.read()
        if not ok:
            break

        # Start timer
        timer = cv2.getTickCount()

        #更新追踪器
        ok, bbox = tracker.update(frame)

        #计算每秒处理图像数量（帧/s）
        fps = cv2.getTickFrequency() / (cv2.getTickCount() - timer);

        #追踪结果可视化
        if ok:
            # Tracking success
            p1 = (int(bbox[0]), int(bbox[1]))
            p2 = (int(bbox[0] + bbox[2]), int(bbox[1] + bbox[3]))
            cv2.rectangle(frame, p1, p2, (255, 0, 0), 2, 1)
        else:
            # Tracking failure
            cv2.putText(frame, "Tracking failure detected", (100, 80),
cv2.FONT_HERSHEY_SIMPLEX, 0.75, (0, 0, 255), 2)

        #显示追踪器类型
```

```
        cv2.putText(frame, tracker_type + " Tracker", (100, 20), cv2.
FONT_HERSHEY_SIMPLEX, 0.75, (50, 170, 50), 2)

        #显示FPS
        cv2.putText(frame, "FPS : " + str(int(fps)), (100, 50), cv2.
FONT_HERSHEY_SIMPLEX, 0.75, (50, 170, 50), 2);

        #显示结果
        cv2.imshow("Tracking", frame)

        #按【Esc】键退出
        k = cv2.waitKey(1) & 0xff
        if k == 27: break
```

（4）运行程序，首先通过鼠标绘制一个矩形框，然后按【Space】键，测试跟踪结果，如图7-5所示。

图 7-5　目标跟踪结果

图 7-5 目标跟踪结果（续）

进一步，可以继续测试其他数据集，如BlurCar2等，或者修改tracker_type = tracker_types[6]中的编号，测试不同算法效果。在本书的配套资源中提供了BlurCar2.avi，修改video = cv2.VideoCapture("data/Biker.avi")为：

```
video = cv2.VideoCapture("data/BlurCar2.avi")
```

可以测试其他视频的跟踪效果。

需要注意的是，如果自己下载数据集，在视频合成代码中需要调整分辨率大小，例如BlurCar2图像序列大小为640像素 × 480像素，因此视频合成文件中img2video.py对应代码调整为：

```
video = cv2.VideoWriter('data/Biker.avi',cv2.VideoWriter_fourcc(*'MJPG'),
5,(640,480))
```

在OpenCV中共提供了8种目标跟踪算法，这里总结如下：

1. 集成学习跟踪器（BOOSTING tracker）

该跟踪器基于ADaboost的在线版本，ADaboost是基于Haar级联的人脸检测器内部使用的算法。这个分类器需要在运行时用跟踪目标的正负示例进行训练。以用户（或其他目标检测算法）提供的初始边界框为对象的正样本，边界框外的许多图像部位作为背景。给定一个新的帧，分类器在前一个位置附近的每个像素上运行，并记录分类器的得分，目标的新位置是得分最大的位置。这个算法已使用多年，跟踪效果一般，而且无法确定是否跟踪失败，不在实际项目中应用。

2. 多实例学习跟踪器（MIL tracker）

该跟踪器在概念上类似于BOOSTING跟踪器。最大的区别在于，不仅考虑目标的当前位置作为正样本，同时在当前位置周围的小邻域产生若干潜在的正样本。它不会像BOOSTING跟踪器那样结果漂移，并且在部分遮挡下可以完成合理的工作。但是无法检测是否跟踪失败，速度慢，且无法处理遮挡物体。

3. 核相关滤波跟踪器（KCF tracker）

KCF（kernelized correlation filters）追踪器建立在前两个追踪器中提出的想法之上。该跟踪器利用了这样一个事实：在MIL跟踪器中使用的多个正样本具有较大的重叠区域。这些重叠的数据产生了一些很好的数学特性，这些特性被跟踪器利用，从而使跟踪速度更快、更准确。KCF还会判断跟踪是否失败，并对跟踪失败报警，但在物体被遮挡场景下效果欠佳。

4．单目标长时间跟踪器（TLD tracker）

TLD表示跟踪（tracking），学习（learning）和检测（detection），该跟踪器将长期跟踪任务分解为跟踪、学习和检测三部分。跟踪器在帧与帧之间跟踪目标，并获取所有物体的外观并在必要时纠正跟踪器，通过在线学习来估计跟踪器的错误并更新它以避免将来出现这些错误。TLD在多帧的遮挡下工作效果最佳，对于缩放的图像效果也不错，但是误报率较高。

5．光流跟踪器（MEDIANFLOW tracker）

光流跟踪器可以实时地跟踪物体的前后方向，并测量这两个轨迹之间的差异。最大限度地减少这种向前向后的误差，使它们能够可靠地检测跟踪故障，并在视频序列中选择可靠的轨迹。MEDIANFLOW如果跟踪失败会进行报警，当运动是可预测的并且没有遮挡时效果很好,但是目标运动幅度较大会跟踪失效。

6．相关滤波跟踪器（MOSSE tracker）

MOSSE即最小平方误差输出。该跟踪器使用自适应相关进行目标跟踪，当使用单帧进行初始化时，可产生稳定的相关滤波器，并最小化实际输出的卷积和期望输出卷积之间的方差来动态更新。Mosse跟踪器对光照、比例、姿势和非刚性变形的变化具有健壮性。对于遮挡，跟踪器能够在目标重新出现时暂停并恢复到停止的位置。

7．判别相关滤波器跟踪（CSRT tracker）

在具有信道和空间可靠性的鉴别相关滤波器（discriminative correlation filter with channel and spatial reliability，DCF-CSR）中，CSRT tracker将目标区域分成若干个小的子区域，每个子区域都对应一个相关滤波器。在跟踪过程中，CSRT tracker会计算每个子区域与当前帧中的图像区域的相似度，然后根据相似度更新每个子区域的相关滤波器。这样可以适应选定区域的放大和定位，并改进对非矩形区域或目标的跟踪。它是现在应用最广的跟踪算法，精度很高，但是对设备有一定要求。

从实际应用来讲，一般情况下可以选择CSRT，如果对实时性要求较高，可选择KCF。

此外，OpenCV还提供了GOTURN追踪器。该追踪器是一种基于深度学习的对象跟踪算法，全称为generic object tracking using regression networks，即基于回归网络的一般目标跟踪器。该算法需要大量数据进行训练。

7.3 背景差分

视频

背景差分

背景差分法又称背景减法，常用于检测视频图像中的运动目标，是目前运动目标检测的主流方法之一。其基本原理是将图像序列中的当前帧和已经确定好或实时获取的背景参考模型（背景图像）做减法，找出不同点，计算出与背景图像像素差异超过一定阈值的区域作为运动区域，从而确定运动物体位置、轮廓、大小等特征，非常适合摄像机静止的场景。对于传统监控的异常情况报警来讲，可以先通过背景差分法找到运动目标，再基于目标识别技术进行异常行为识别或目标跟踪，如图7-6所示。

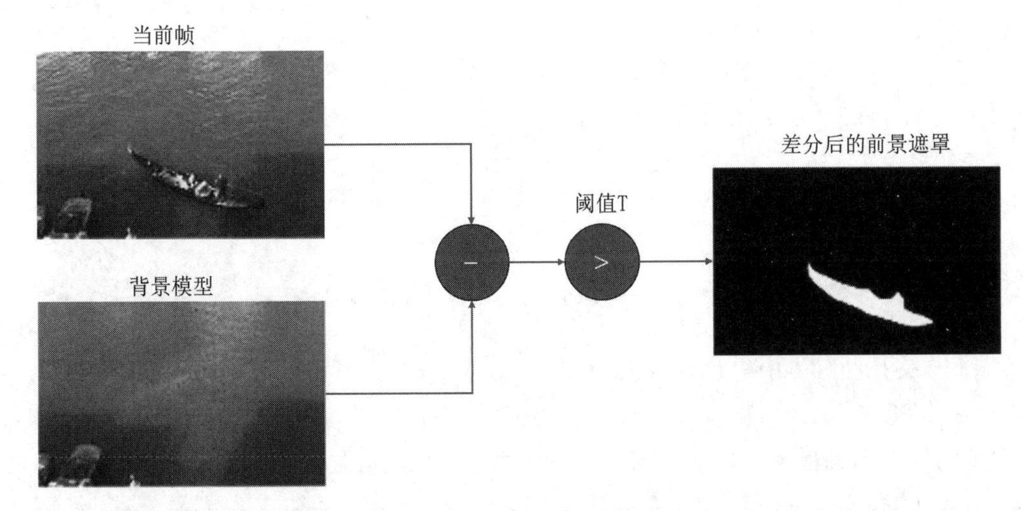

图 7-6　背景差分示意图

背景差分法主要通过背景建模、背景更新、目标检测、后期处理四个环节实现目标追踪。在实际情况中，由于光照变化、雨雪天气、目标运动等诸多因素的影响，同时要求在场景中存在运动目标的情况下获取背景图像，因此背景建模和背景更新是背景差分法中的核心问题。

传统的背景建模方法包括中值法背景建模、均值法背景建模、单高斯分布模型、混合高斯分布模型、卡尔曼滤波器模型以及高级背景模型等，这些方法都是基于像素的亮度值进行数学计算处理，所以说运动目标检测是基于统计学原理。

在OpenCV中，提供了BackgroundSubtractorMOG系列函数实现背景建模，它使用k（k=3或5）个高斯分布混合对背景像素进行建模。基于时间序列，每个像素点所在的位置在整个时间序列中会有很多值，从而构成一个分布。使用这些颜色（在整个视频中）存在时间的长短作为混合的权重。背景的颜色一般持续的时间最长，而且更加静止。举一反三的话，可以为每个像素选择一个合适数目的高斯分布进行建模。具体步骤如下：

（1）在项目中创建名为background_substract.py的Python文件。

（2）导入头文件：

```
from __future__ import print_function
import cv2
import argparse
```

（3）获取用户输入信息：

```
parser = argparse.ArgumentParser(description='This program shows how
to use background subtraction methods provided by OpenCV. You can process
both videos and images.')
    parser.add_argument('--input', type=str, help='Path to a video or a
sequence of image.', default='data/vtest.avi')
    parser.add_argument('--algo', type=str, help='Background subtraction
method (KNN, MOG2).', default='MOG2')
```

```
args = parser.parse_args()
```

（4）定义背景差分模型：

```
if args.algo == 'MOG2':
    backSub = cv2.createBackgroundSubtractorMOG2()
else:
    backSub = cv2.createBackgroundSubtractorKNN()
```

（5）读取视频：

```
capture = cv2.VideoCapture(cv2.samples.findFileOrKeep(args.input))
if not capture.isOpened():
    print('Unable to open: ' + args.input)
    exit(0)
```

（6）对于每帧视频，进行背景差分处理，并将结果显示在原始视频上：

```
erode_kernel = cv2.getStructuringElement(cv2.MORPH_ELLIPSE, (3, 3))
dilate_kernel = cv2.getStructuringElement(cv2.MORPH_ELLIPSE, (7, 7))

while True:
    ret, frame = capture.read()
    if frame is None:
        break

    fgMask = backSub.apply(frame)

    cv2.rectangle(frame, (10, 2), (100, 20), (255, 255, 255), -1)
    cv2.putText(frame, str(capture.get(cv2.CAP_PROP_POS_FRAMES)), (15, 15),
                cv2.FONT_HERSHEY_SIMPLEX, 0.5, (0, 0, 0))

    _, thresh = cv2.threshold(fgMask, 244, 255, cv2.THRESH_BINARY)
    cv2.erode(thresh, erode_kernel, thresh, iterations=2)
    cv2.dilate(thresh, dilate_kernel, thresh, iterations=2)
    contours, hier = cv2.findContours(thresh, cv2.RETR_EXTERNAL,cv2.
CHAIN_APPROX_SIMPLE)

    for c in contours:
        if cv2.contourArea(c) > 1000:
            x, y, w, h = cv2.boundingRect(c)
            cv2.rectangle(frame, (x, y), (x + w, y + h), (255, 255, 0), 2)

    cv2.imshow('Frame', frame)
    cv2.imshow('FG Mask', fgMask)
    cv2.imshow('thresh', thresh)
```

```
    keyboard = cv2.waitKey(30)
    if keyboard == 'q' or keyboard == 27:
        break
```

（7）运行程序，输出结果如图7-7所示。

图 7-7　背景差分结果

项目实战　手势跟踪

视 频

手势跟踪

感知手的形状和运动的能力是改善各种技术领域和平台的用户体验的重要组成部分。例如，它可以形成手语理解和手势控制的基础，还可以在增强现实中实现数字内容和信息在物理世界之上的叠加。

MediaPipe Hands是一套流行的手和手指跟踪库。它可以从视频单个帧中推断出21个手关键的标记，标记位置如图7-8所示。

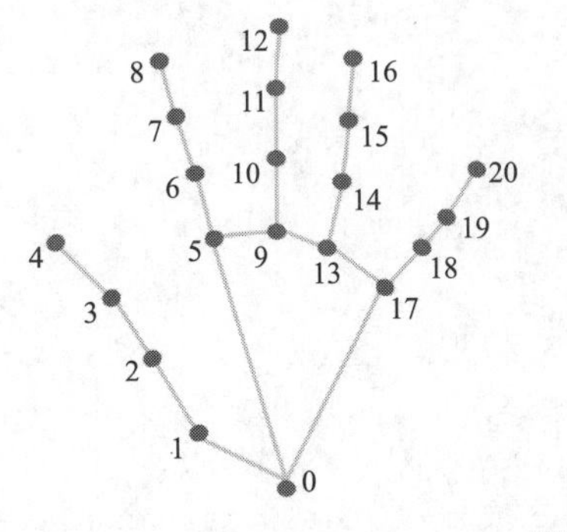

0. WRIST
1. THUMB_CMC
2. THUMB_MCP
3. THUMB_IP
4. THUMB_TIP
5. INDEX_FINGER_MCP
6. INDEX_FINGER_PIP
7. INDEX_FINGER_DIP
8. INDEX_FINGER_TIP
9. MIDDLE_FINGER_MCP
10. MIDDLE_FINGER_PIP
11. MIDDLE_FINGER_DIP
12. MIDDLE_FINGER_TIP
13. RING_FINGER_MCP
14. RING_FINGER_PIP
15. RING_FINGER_DIP
16. RING_FINGER_TIP
17. PINKY_MCP
18. PINKY_PIP
19. PINKY_DIP
20. PINKY_TIP

图 7-8　手部位置标记

MediaPipe Hands采集及合成了10万张不同手部姿势的图片进行标注和训练，最终建立了手掌检测器和手部坐标模型，如图7-9所示。

图 7-9 图像训练数据集

手部手势跟踪的具体步骤如下：

（1）安装mediapipe工具库，具体指令为：

```
pip install mediapipe
```

（2）创建名为hand_tracking.py的Python文件，并添加如下代码：

```
import cv2
import mediapipe as mp
import time

class handDetector():
    def __init__(self, mode=False, maxHands=2, complexity=1,
detectionCon=0.5, trackCon=0.5):
        #初始化类的参数
        self.mode = mode
        self.maxHands = maxHands
        self.complexity = complexity
        self.detectionCon = detectionCon
        self.trackCon = trackCon

        #初始化手跟踪模块
        self.mpHands = mp.solutions.hands
        # mediapipe version: 0.8.11
        self.hands = self.mpHands.Hands(self.mode, self.maxHands, self.
complexity, self.detectionCon, self.trackCon)
        # mediapipe version: 0.8.3
        # self.hands = self.mpHands.Hands(self.mode, self.maxHands,
        #                              self.detectionCon, self.trackCon)
        self.mpDraw = mp.solutions.drawing_utils

    #跟踪手关节点位置
    def findHands(self, img, draw=True):
```

```
        imgRGB = cv2.cvtColor(img, cv2.COLOR_BGR2RGB)
        self.results = self.hands.process(imgRGB)

        if self.results.multi_hand_landmarks:
            for handLms in self.results.multi_hand_landmarks:
                if draw:
                    self.mpDraw.draw_landmarks(img, handLms,
                                    self.mpHands.HAND_CONNECTIONS)
        return img

    #对手关节点绘制圆圈
    def findPostion(self, img, handNo=0, draw=True):
        lmList = []
        if self.results.multi_hand_landmarks:
            for myHand in self.results.multi_hand_landmarks:
                for id, lm in enumerate(myHand.landmark):
                    h, w, c = img.shape
                    cx, cy = int(lm.x * w), int(lm.y * h)
                    lmList.append([id, cx, cy])
                    if draw:
                        cv2.circle(img, (cx, cy), 12, (255, 0, 255),
cv2.FILLED)
        return lmList

def main():
    pTime = 0
    cTime = 0

    #打开摄像机Camera0
    cap = cv2.VideoCapture(0)

    #实例化类对象
    detector = handDetector()

    while True:
        #读取摄像机的视频图像
        success, img = cap.read()

        #跟踪关节点位置
        img = detector.findHands(img)

        #对手关节点绘制圆圈
        lmList = detector.findPostion(img)

        #计算实时帧率
        cTime = time.time()
        fps = 1 / (cTime - pTime)
```

```
        pTime = cTime

        #显示实时帧率
        cv2.putText(img, str(int(fps)), (10, 70), cv2.FONT_HERSHEY_PLAIN, 2,
                    (255, 0, 255), 2)

        #显示视频图像
        cv2.imshow("Image", img)
        cv2.waitKey(1)

if __name__ == "__main__":
    main()
```

（3）运行程序，手势追踪结果如图7-10所示。

图 7-10　手势追踪结果

小　结

本章主要介绍了目标跟踪相关内容，利用OpenCV目标跟踪库实现了目标跟踪算法，介绍了视频监控中常用的背景差分算法，并通过项目实战介绍了手势跟踪库的应用。

第 4 部分

机器学习实战

本部分主要介绍 OpenCV 的神经网络模块、DNN 模块，以及常见的深度学习库与 OpenCV 的结合。

学习目的

◎掌握 OpenCV 机器学习库

◎掌握 OpenCV 神经网络训练方法

◎掌握文字识别的一般方法

◎掌握车牌识别的方法

◎掌握机器视觉的方法

◎掌握 OpenCV 深度学习库的使用

◎掌握第三方深度学习库与 OpenCV 的集成

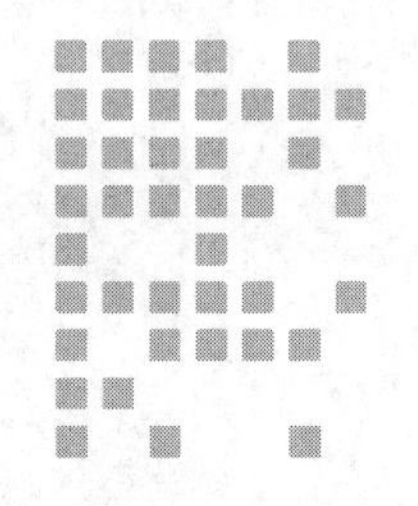

第8章 文字识别

本章要点

◎OpenCV神经网络库与手写文字识别

◎百度Paddle库介绍

◎百度PaddleOCR库安装

◎火车票识别

◎车牌识别

◎环形文字识别

8.1 手写数字识别

8.1.1 OpenCV人工神经网络概述

OpenCV的人工神经网络（artificial neural network，ANN）是机器学习算法中的其中一种，使用的是多层感知器（multi-layer perception，MLP），是常见的一种ANN算法。MLP算法由一个输入层、一个输出层和一个或多个隐藏层组成。每一层由一个或多个神经元互相连接。一个“神经元”的输出就可以是另一个“神经元”的输入。图8-1是一个简单三层的神经元感知器，输入层包含三个神经元，输出层包含两个神经元，隐藏层包含五个神经元。

视频

手写数字识别

在MLP算法中，每个神经元通过输入权重加上偏置计算输出值，并选择一种激励函数进行转换，如图8-2所示。

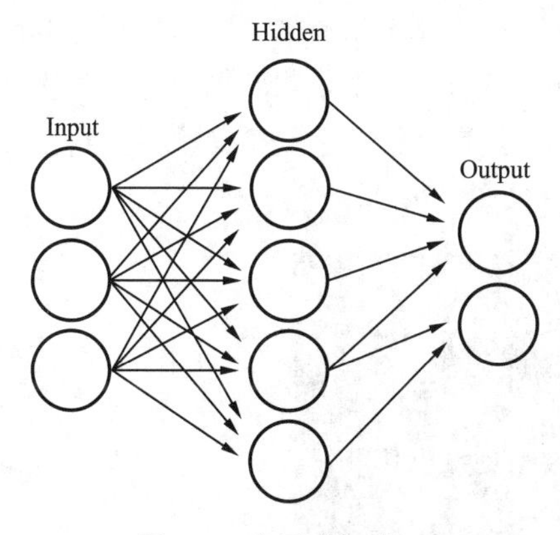

图 8-1　多层感知器 MLP

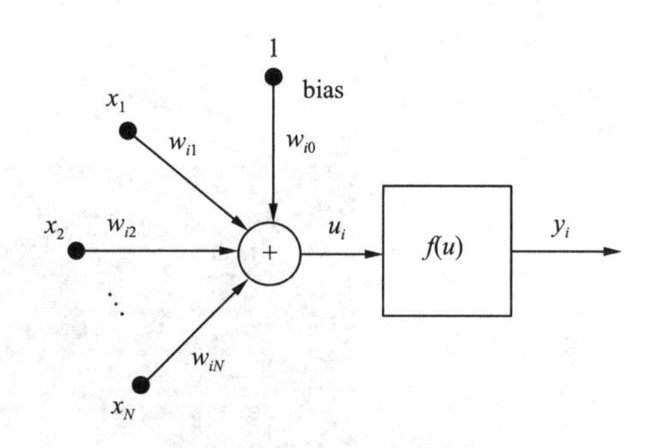

图 8-2　某层神经网络的输入和输出计算

激励函数常见的有三种，分别是恒等函数、Sigmoid函数和高斯函数，OpenCV默认的是Sigmoid函数。Sigmoid函数的公式为

$$f(x)=\beta\cdot(1-\mathrm{e}^{-\alpha x})/(1+\mathrm{e}^{-\alpha x})$$

Sigmoid函数的alpha参数和Beta参数为1的图像如图8-3所示。

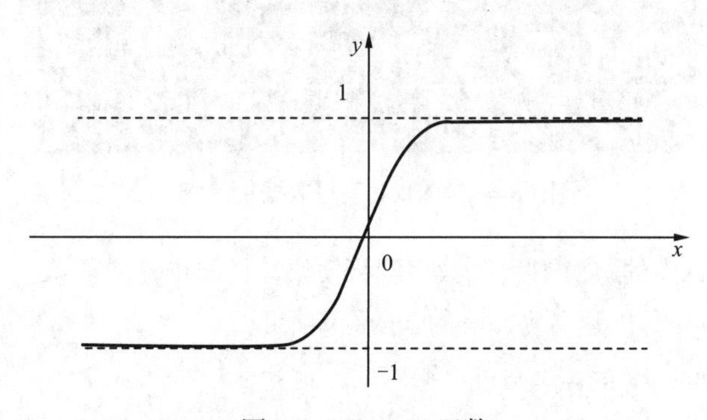

图 8-3　Sigmoid 函数

MLP算法通过训练计算和学习更新每一层的权重、突触以及神经元。为了训练出分类器，需要创建两个数据矩阵，一个是特征数据矩阵，一个是真值标签矩阵。但要注意的是标签矩阵是一个$N\times M$的矩阵，N表示训练样本数，M是类标签。如果第i行的样本属于第j类，那么该标签矩阵的（i，j）位置为1，该行的其他位置为0，这种真实标签方式称为one-hot编码。

8.1.2　手写数字识别

在OpenCV中定义cv2.ml.ANN_MLP类。使用ANN算法之前，必须先初始化参数，比如神经网络的层数、神经元数、激励函数、α 和 β 。然后使用train()函数进行训练，训练完成后训练好的参数以xml格式保存在本地文件夹中。最后使用predict()函数预测识别。

下面代码采用了MNIST数据集，MNIST（national institute of standards and technology）数据集来自美国国家标准与技术研究所。训练集（training set）由来自250个不同人手写的数字构成，其中50%是高中学生，50%来自人口普查局（the Census Bureau）的工作人员。

测试集（test set）也是同样比例的手写数字数据，但保证了测试集和训练集的作者集不相交。MNIST数据集一共有7万张图片，其中6万张是训练集，1万张是测试集。每张图片是0～9的某个手写数字，大小为28像素×28像素，图片是黑底白字的形式，黑底用0表示，白字用0～1之间的浮点数表示，越接近1，颜色越白，如图8-4所示。

图 8-4　MNIST 手写数据集示例

代码使用了Keras库的MNIST手写数字解析模块，具体步骤如下：

（1）打开PyCharm，创建名为chp8的OpenCV项目。

（2）打开Anaconda Prompt控制台，输入如下指令：

```
conda activate opencv4.7
pip install keras
pip install tensorflow
```

（3）创建名为mnist_recognize.py的Python文件，添加代码如下：

```
from keras.datasets import mnist
from keras import utils
import cv2
import numpy as np
from matplotlib import pyplot as plt

#OpenCV中ANN定义神经网络层
def create_ANN():
    ann=cv2.ml.ANN_MLP_create()
    #设置神经网络层的结构，输入层为784，隐藏层为80，输出层为10（10个数字）
    ann.setLayerSizes(np.array([784,64,10]))
    #设置网络参数为误差反向传播法
```

```
    ann.setTrainMethod(cv2.ml.ANN_MLP_BACKPROP)
    #设置激活函数为sigmoid
    ann.setActivationFunction(cv2.ml.ANN_MLP_SIGMOID_SYM)
    #设置训练迭代条件
    #结束条件为训练100次或者误差小于0.00001
    ann.setTermCriteria((cv2.TermCriteria_EPS|cv2.TermCriteria_COUNT,
100,0.0001))
    return ann

#计算测试数据上的识别率
def evaluate_acc(ann,test_images,test_labels):
    #采用sigmoid激活函数，需要对结果进行置信度处理
    #对于大于0.99的可以确信为1；对于小于0.01的可以确信为0
    test_ret=ann.predict(test_images)
    #预测结果是一个元组
    test_pre=test_ret[1]
    #可以直接为最大值的下标 (10000,)
    test_pre=test_pre.argmax(axis=1)
    true_sum=(test_pre==test_labels)
    return true_sum.mean()


if __name__=='__main__':
    #直接使用Keras载入的训练数据(60000, 28, 28) (60000,)
    (train_images,train_labels),(test_images,test_labels)=mnist.load_data()

#查看MNIST数据结构
print(train_images.shape, test_images.shape)
print(train_images[1])
print(train_labels[1])
plt.imshow(train_images[1])
plt.show()

    #变换数据的形状并归一化
    train_images=train_images.reshape(train_images.shape[0],-1)
                                                      #(60000, 784)
    train_images=train_images.astype('float32')/255

    test_images=test_images.reshape(test_images.shape[0],-1)
    test_images=test_images.astype('float32')/255

    #将标签变为one-hot形状 (60000, 10) float32
    train_labels=utils.to_categorical(train_labels)
    #测试数据标签不用变为one-hot (10000,)
    test_labels=test_labels.astype(np.int32)
```

```
#定义神经网络模型结构
ann=create_ANN()

#开始训练
ann.train(train_images,cv2.ml.ROW_SAMPLE,train_labels)
#在测试数据上测试准确率
print(evaluate_acc(ann,test_images,test_labels))

#保存模型
ann.save('mnist_ann.xml')
#加载模型
myann=cv2.ml.ANN_MLP_load('mnist_ann.xml')
```

（4）右击代码窗口，运行程序，运行过程中会下载手写识别数据集，如图8-5所示。

```
D:\DevTools\anaconda\envs\opencv4.7\python.exe C:\Users\宋桂岭\PycharmProjects\chp8\mnist_recognize.py
Downloading data from https://storage.googleapis.com/tensorflow/tf-keras-datasets/mnist.npz
11490434/11490434 [==============================] - 2s 0us/step
```

图 8-5　手写识别数据集下载

最终预测准确率为：0.9376。

8.2　Paddle 文字识别

视频

PaddOCR
文字识别

除了OpenCV提供的多层感知机进行神经网络的训练和预测外，还可以利用开源库进行更高级的文字识别功能，如火车票识别、银行卡识别、车票识别等。文字识别一般称为OCR（optical character recognition，光学字符识别）。常见的OCR库包括tesseract、PaddleOCR等，其中PaddleOCR是百度开源的一套OCR，旨在打造一套丰富、领先且实用的OCR工具库，对于中文常见场景提供了预训练模型予以支持。使用PaddleOCR进行识别的具体步骤如下：

（1）安装PaddleOCR。安装PaddleOCR的方法比较简单，如果安装了CUDA，可以通过以下命令安装百度飞桨Paddle环境：

视频

PaddORC文
字识别可视化

```
conda activate opencv4.7
pip install paddlepaddle -i https://mirror.baidu.com/pypi/simple
```

（2）安装shapely库。通过网络下载对应的shapply版本，本书下载的版本为shapely-1.8.2-cp39-cp39-win_amd64.whl。下载后，安装指令如下：

```
pip install shapely-1.8.2-cp39-cp39-win_amd64.whl
```

（3）安装PaddleOCR包，指令如下：

```
pip install "paddleocr>=2.0.1"                    #推荐使用2.0.1+版本
```

（4）PaddleOCR源码下载。下载PaddleOCR，如图8-6所示，对应素材文件位于doc文件夹下。

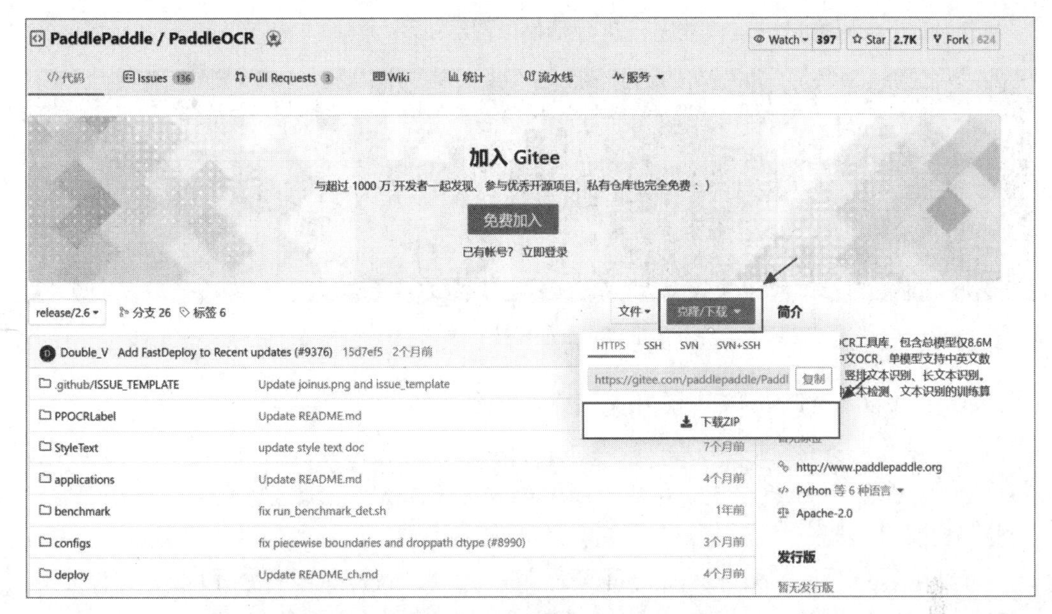

图 8-6　PaddleOCR 下载

（5）将doc文件夹内的imgs和fonts目录复制到chp8项目的data目录下，如图8-7所示。

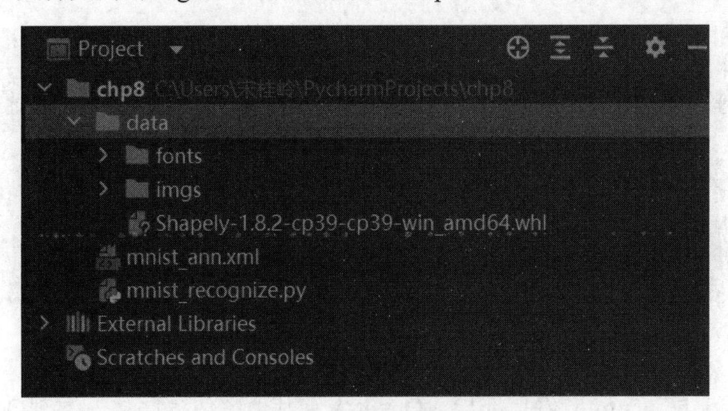

图 8-7　chp8 目录结构

（6）创建名为paddle_ocr.py的Python文件，输入如下代码：

```
from paddleocr import PaddleOCR, draw_ocr

#PaddleOCR目前支持的多语言语种可以通过修改lang参数进行切换
# 例如'ch', 'en', 'fr', 'german', 'korean', 'japan'
ocr = PaddleOCR(use_angle_cls=True, lang="ch")  #此行只能执行一次，用于将
模型读取到内存中
img_path = './imgs/11.jpg'
result = ocr.ocr(img_path, cls=True)
for idx in range(len(result)):
    res = result[idx]
    for line in res:
        print(line)
```

（7）右击代码窗口，运行程序，执行结果如图8-8所示。

图 8-8　程序执行结果

如果出现以下类似错误，则是中文名称导致的。

```
RuntimeError: (NotFound) Cannot open file C:\Users\宋桂岭/.paddleocr/whl\det\ch\ch_PP-OCRv3_det_infer/inference.pdmodel, please confirm whether the file is normal.
```

可以在result = ocr.ocr(img_path, cls=True)语句中单击ocr，按住【Ctrl】键和鼠标左键，如图8-9所示，切换到paddleocr.py文件，修改第55行代码如下：

```
BASE_DIR = os.path.expanduser("D:\\DevTools\\paddle_ocr") #该路径需要自己创建
```

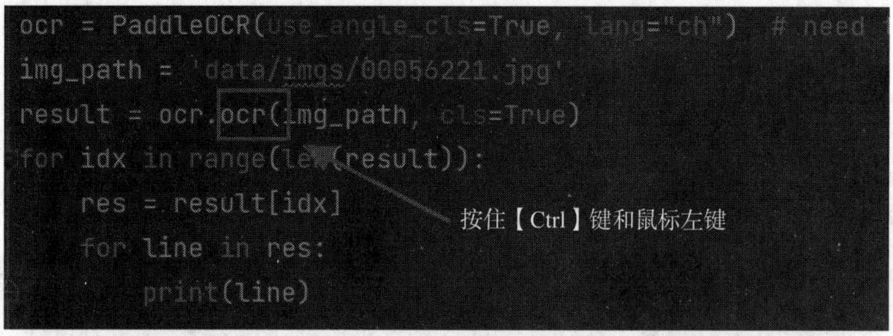

图 8-9　按住【Ctrl】键和鼠标左键切换到源码中修改模型保存路径

（8）在paddle_ocr.py文件顶部导入OpenCV和其他图像程序包，实现OpenCV可视化展示。

```
import cv2
from PIL import Image, ImageDraw, ImageFont
font=cv2.FONT_HERSHEY_SIMPLEX
import numpy as np
```

（9）在paddle_ocr.py底部添加如下代码，这里采用了编者的火车票：位于配套资源的chp8/data文件夹下。

```
#OpenCV图像显示中文
def putText_Chinese(img,strText,pos,color,fontSize):
    fontpath = "data/fonts/simfang.ttf"
    font = ImageFont.truetype(fontpath, fontSize)
    img_pil = Image.fromarray(img)
    draw = ImageDraw.Draw(img_pil)
```

```
        draw.text(pos,strText, font=font, fill=color)
        img = np.array(img_pil)
        return img

    print('---------------OpenCV 可视化--------------------')
    img_path = 'data/sgl_ticket.jpg'
    img = cv2.imread(img_path)
    cv2.imshow("src", img)
    result = ocr.ocr(img_path, cls=True)
    # print(result)
    for idx in range(len(result)):
        res = result[idx]
        for line in res:
            print(line)
            print('----------------------------')
            print(line)
            pt1 = ((int)(line[0][0][0]), (int)(line[0][0][1]))
            pt2 = ((int)(line[0][1][0]), (int)(line[0][1][1]))
            pt3 = ((int)(line[0][2][0]), (int)(line[0][2][1]))
            pt4 = ((int)(line[0][3][0]), (int)(line[0][3][1]))
            cv2.line(img, pt1, pt2, (0, 0, 255), 1, cv2.LINE_AA)
            cv2.line(img, pt2, pt3, (0, 0, 255), 1, cv2.LINE_AA)
            cv2.line(img, pt3, pt4, (0, 0, 255), 1, cv2.LINE_AA)
            cv2.line(img, pt1, pt4, (0, 0, 255), 1, cv2.LINE_AA)
            img = putText_Chinese(img, line[1][0], (pt1[0], pt1[1] - 10),
(255, 0, 255), 20)

    cv2.imshow("OCR-Result", img)
    cv2.imwrite("result.png", img)
    cv2.waitKey()
    cv2.destroyAllWindows()
```

（10）运行程序，输出结果如图8-10所示。

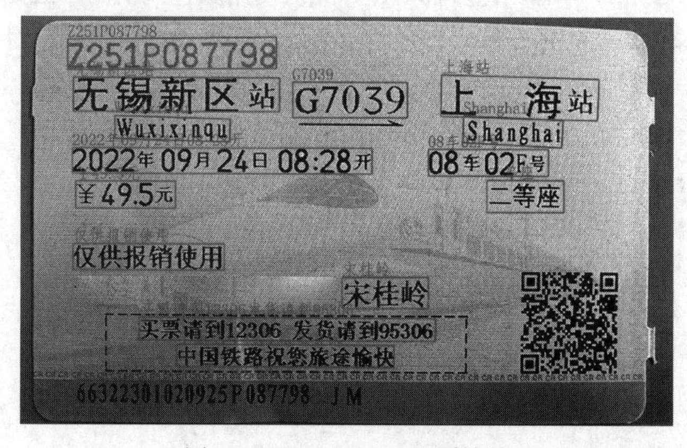

图 8-10　PaddleOCR 识别结果

（11）更换data/imgs文件夹内更多的图片，测试PaddleOCR的文字识别能力。

项目实战 1　车牌识别

在计算机视觉领域，一般需要利用数据集进行算法分析和实验，例如8.1.2中的MNIST手写数字数据集。在进行项目开发之前，可以先搜索是否已经有相关研究的数据集，本次车牌识别采用了CCPD车牌数据集。CCPD是一个大型的、多样化的、经过仔细标注的中国城市车牌开源数据集。CCPD数据集主要分为CCPD2019数据集和CCPD2020（CCPD-Green）数据集。CCPD2019数据集车牌类型仅有普通车牌（蓝色车牌），CCPD2020数据集车牌类型仅有新能源车牌（绿色车牌）。

在车牌识别中，一般是先进行车牌定位，再使用OCR库，对提取出的车牌进行字符识别，如图8-11所示。

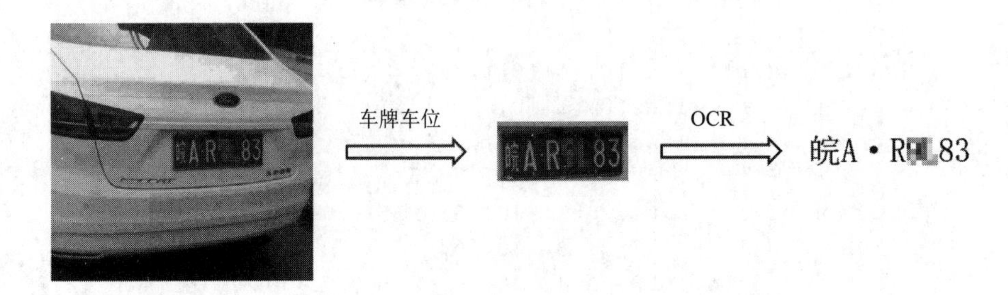

图 8-11　车牌识别流程

具体步骤如下：

（1）下载CCPD2019数据集，复制CCPD2019\ccpd_base\025-89_92-331&290_585&392-592&383_347&391_348&293_593&285-0_0_15_33_10_32_27-87-60.jpg到chp8/data/car文件夹下。

（2）在chp8项目下创建名为plate_recognize.py的Python文件。

（3）转灰度图：由于车牌颜色多种多样，无法使用颜色阈值的方法提取车牌，因此考虑使用形态学操作的方法提取车牌。首先将图片转为灰度图，排除颜色对识别的干扰，在plate_recognize.py中添加如下代码：

```
import cv2
from paddleocr import PaddleOCR
from matplotlib import pyplot as plt
img = cv2.imread("data/car/025-89_92-331&290_585&392-592&383_347&391_
348&293_593&285-0_0_15_33_10_32_27-87-60.jpg")

#转灰度图
gray = cv2.cvtColor(img, cv2.COLOR_RGB2GRAY)

fig = plt.figure(figsize=(6, 6))
plt.imshow(gray, "gray"), plt.axis('off'), plt.title("gray")
plt.show()
```

右击代码窗口，运行程序，观察输出结果，如图8-12所示。

图 8-12 图像转为灰度图

（4）顶帽运算，原始图像减去图像开运算的结果，得到图像的噪声。

```
#创建一个17×17矩阵内核
kernel = cv2.getStructuringElement(cv2.MORPH_RECT, (17, 17))
# cv2.morphologyEx：形态学操作，将腐蚀、膨胀结合使用
# cv2.MORPH_TOPHAT ：顶帽操作（原图像-开运算结果：突出灰度中亮的区域）
tophat = cv2.morphologyEx(gray, cv2.MORPH_TOPHAT, kernel)

fig = plt.figure(figsize=(6, 6))
plt.imshow(tophat, "gray"), plt.axis('off'), plt.title("tophat")
plt.show()
```

继续运行程序，查看中间结果，如图8-13所示。

图 8-13 顶帽变换结果

（5）使用Sobel算子对字符进行y方向提取，得到图像边缘。

```
#Sobel算子提取y方向边缘
y = cv2.Sobel(tophat, cv2.CV_16S, 1, 0)
absY = cv2.convertScaleAbs(y)

fig = plt.figure(figsize=(6, 6))
plt.imshow(absY, "gray"), plt.axis('off'), plt.title("absY")
plt.show()
```

运行程序，观察Sobel提取图像结果，如图8-14所示。

图 8-14　使用 Sobel 算子对字符进行 y 方向变换结果

（6）灰度图像二值化，将灰度小于75的像素置为0，大于或等于75的像素置为255。

```
ret, binary = cv2.threshold(absY, 75, 255, cv2.THRESH_BINARY)

fig = plt.figure(figsize=(6, 6))
plt.imshow(binary, "gray"), plt.axis('off'), plt.title("binary")
plt.show()
```

运行程序，结果如图8-15所示。

图 8-15　二值化处理结果

（7）利用开运算来实现纵向去噪，这里使用形状为（1,15）的矩形kernel对图像进行y方向开运算，使图像先腐蚀后膨胀，从而消除图像中的小面积白点。

```
kernel = cv2.getStructuringElement(cv2.MORPH_RECT, (1, 15))
Open = cv2.morphologyEx(binary, cv2.MORPH_OPEN, kernel)

fig = plt.figure(figsize=(6, 6))
plt.imshow(Open, "gray"), plt.axis('off'), plt.title("Open")
plt.show()
```

运行程序，结果如图8-16所示。

图 8-16　开运算结果

（8）闭运算合并，使用形状为（41,15）的矩形kernel对图像进行x方向的闭运算，连通中断区域，将图像进行x方向融合，从而找出车牌位置。

```
kernel = cv2.getStructuringElement(cv2.MORPH_RECT, (41, 15))
close = cv2.morphologyEx(Open, cv2.MORPH_CLOSE, kernel)

fig = plt.figure(figsize=(6, 6))
plt.imshow(close, "gray"), plt.axis('off'), plt.title("close")
plt.show()
```

运行程序，结果如图8-17所示。

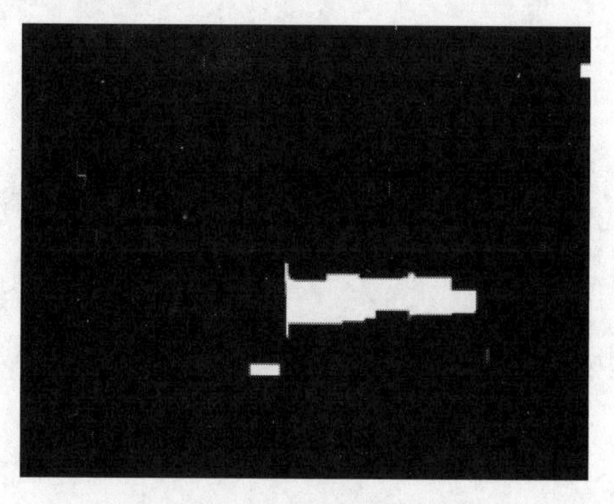

图 8-17　形态学闭运算结果

（9）再次使用特定大小的kernel对图像进行膨胀，腐蚀操作去噪，得到车牌区域，在实际项目中，可结合场景设定kernel的大小。

```
#中远距离车牌识别
kernel_x = cv2.getStructuringElement(cv2.MORPH_RECT, (25, 7))
kernel_y = cv2.getStructuringElement(cv2.MORPH_RECT, (1, 11))
#近距离车牌识别
# kernel_x = cv2.getStructuringElement(cv2.MORPH_RECT, (79, 15))
# kernel_y = cv2.getStructuringElement(cv2.MORPH_RECT, (1, 31))
#腐蚀、膨胀（去噪）
erode_y = cv2.morphologyEx(close, cv2.MORPH_ERODE, kernel_y)
dilate_y = cv2.morphologyEx(erode_y, cv2.MORPH_DILATE, kernel_y)

#膨胀、腐蚀（连接）（二次缝合）
dilate_x = cv2.morphologyEx(dilate_y, cv2.MORPH_DILATE, kernel_x)
erode_x = cv2.morphologyEx(dilate_x, cv2.MORPH_ERODE, kernel_x)

fig = plt.figure(figsize=(15, 15))
plt.subplot(131), plt.imshow(erode_y, "gray"), plt.axis('off'), plt.
title("erode_y")
plt.subplot(132), plt.imshow(dilate_y, 'gray'), plt.axis('off'), plt.
title("dilate_y")
plt.subplot(133), plt.imshow(erode_x, 'gray'), plt.axis('off'), plt.
title("erode_x")
plt.show()

#腐蚀、膨胀（去噪）
kernel_e = cv2.getStructuringElement(cv2.MORPH_RECT, (25, 9))
erode = cv2.morphologyEx(erode_x, cv2.MORPH_ERODE, kernel_e)

kernel_d = cv2.getStructuringElement(cv2.MORPH_RECT, (25, 11))
dilate = cv2.morphologyEx(erode, cv2.MORPH_DILATE, kernel_d)

fig = plt.figure(figsize=(10, 10))
plt.subplot(121), plt.imshow(erode, "gray"), plt.axis('off'), plt.
title("erode")
plt.subplot(122), plt.imshow(dilate, 'gray'), plt.axis('off'), plt.
title("dilate")
plt.show()
```

运行程序，结果如图8-18所示。

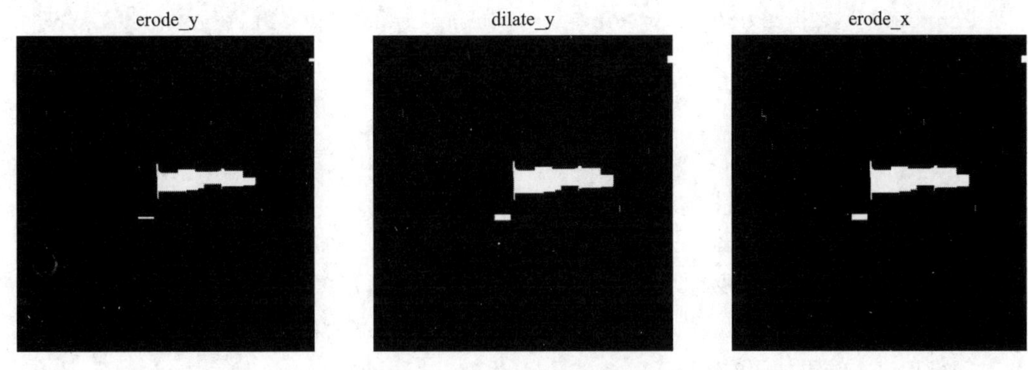

图 8-18　进一步形态学处理结果

（10）再次使用特定大小的kernel对图像进行膨胀、腐蚀操作去除噪声保留车牌区域。

```
kernel_e = cv2.getStructuringElement(cv2.MORPH_RECT, (25, 9))
erode = cv2.morphologyEx(erode_x, cv2.MORPH_ERODE, kernel_e)

kernel_d = cv2.getStructuringElement(cv2.MORPH_RECT, (25, 11))
dilate = cv2.morphologyEx(erode, cv2.MORPH_DILATE, kernel_d)

fig = plt.figure(figsize=(10, 10))
plt.subplot(121), plt.imshow(erode, "gray"), plt.axis('off'), plt.
title("erode")
plt.subplot(122), plt.imshow(dilate, 'gray'), plt.axis('off'), plt.
title("dilate")
plt.show()
```

运行结果如图8-19所示。

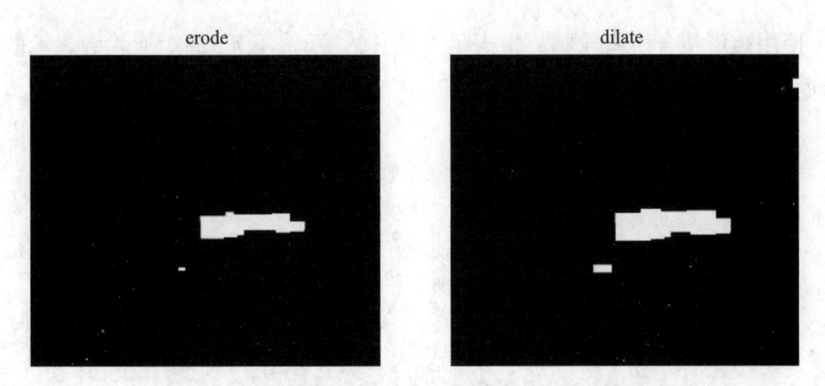

图 8-19　进一步优化图像噪声结果，定位车牌位置

（11）对图8-19所示二值图进行轮廓提取。

```
img_copy = img.copy()

#得到轮廓
```

```
    contours, hierarchy = cv2.findContours(dilate, cv2.RETR_EXTERNAL, cv2.
CHAIN_APPROX_SIMPLE)
    #画出轮廓并显示
    cv2.drawContours(img_copy, contours, -1, (255, 0, 255), 2)

    fig = plt.figure(figsize=(6, 6))
    img_copy = cv2.cvtColor(img_copy, cv2.COLOR_BGR2RGB)
    plt.imshow(img_copy, "gray"), plt.axis('off'), plt.title("Contours")
    plt.show()
```

运行程序，结果如图8-20所示。

图 8-20　得到车牌轮廓

（12）使用矩形拟合所有轮廓，将满足“高×3<宽<高×7”的矩形轮廓表示的ROI作为车牌区域返回：

```
    count = 0

    for contour in contours:
        area = cv2.contourArea(contour)                    #计算轮廓内区域的面积
        #得到矩形区域：左顶点坐标、宽和高
        x, y, w, h = cv2.boundingRect(contour)             #获取坐标值和宽度、高度

        #获取轮廓区域的形状信息
        perimeter = cv2.arcLength(contour, True)           #计算轮廓周长
        #以精度0.02近似拟合轮廓
        approx = cv2.approxPolyDP(contour, 0.02 * perimeter, True)
                                                           #获取轮廓角点坐标
        CornerNum = len(approx)                            #轮廓角点的数量
        # cv2.polylines(img_copy1, [approx], True, (0, 255, 0), 3)
```

```
    # cv2.imshow('approx',  img_copy1)
    # cv2.waitKey(0)

    #判断宽高比例、面积、轮廓角点数量，根据场景，判断条件可以增减，截取符合要求的图片
    # if (w > h * 3 and w < h * 7 )and area>1000 and CornerNum<=5:
    if h * 3 < w < h * 7 and area > 1000:
        print(count)
        print(f"CornerNum: {CornerNum}, area: {area}")
        #截取车牌并显示
        print(x, y, w, h)
        img = img[(y - 5):(y + h + 5), (x - 5):(x + w + 5)]  #高、宽
        try:
            count += 1

            fig = plt.figure(figsize=(6, 6))
            img = cv2.cvtColor(img, cv2.COLOR_BGR2RGB)
            plt.imshow(img), plt.axis('off'), plt.title("img")
            plt.show()

        except:
            img = None
            print("ROI提取出错！")
```

运行程序，得到的车牌区域如图8-21所示。

图 8-21　车牌定位结果

（13）利用8.2节所学的PaddleOCR技术完成车牌识别。

```
ocr = PaddleOCR(use_angle_cls=False, use_gpu=False, lang="ch", show_
log=False)  #此行只能执行一次，用于将模型读取到内存中
if img is None:
    print("没有提取到车牌")
    exit()

ocr_text = ocr.ocr(img, cls=False)
for line in ocr_text:
    number_plate = line[-1][-1][0]
    print("车牌：", end="")
    print(number_plate)
```

运行程序，可以看到识别结果如图8-22所示。

```
Run:   plate_recognize
    D:\DevTools\anaconda\envs\opencv4.7\python.exe C:\Users\宋桂岭\PycharmProjects\chp8\plate_recognize.py
    车牌：皖A·R 83

    Process finished with exit code 0
```

图 8-22　程序运行结果

项目实战 2　镜头规格识别

文字识别场景中有很多特殊情况，如噪声、脏污、倾斜、变形等，都会对识别造成影响。环形文字也是其中一种，通常不能直接识别它们，而是先将文字转换到水平方向，再做识别。待识别的镜头图像如图8-23所示。

图 8-23　待识别的镜头图像

具体步骤如下：

（1）在项目chp8下创建名为lens_recongize.py的Python文件。

（2）读取镜头图像，并进行预处理，本章示例图片位于配套资源的chp8/data文件夹下。

```
import cv2
from paddleocr import PaddleOCR
import numpy as np
import math

img = cv2.imread('data/lens.jpeg')
img_copy = img.copy()

gray = cv2.cvtColor(img, cv2.COLOR_BGR2GRAY)
gray = cv2.medianBlur(gray, 3)
```

（3）查找定位图中的圆形轮廓。定位圆形可以使用5.7节的轮廓提取方法，也可使用霍夫圆变换实现，这里因为圆形比较规则且分明，直接使用霍夫圆变换，代码如下：

```
    #查找图中的圆形轮廓
    circles = cv2.HoughCircles(gray, cv2.HOUGH_GRADIENT, 1, 100,
                    param1=200, param2=30, minRadius=260, maxRadius=300)

    isNG = False
    if circles is None:
        print("找圆失败！")

    else:
        circles = np.uint16(np.around(circles))
        a, b, c = circles.shape
        print(circles.shape)
        for i in range(b):
            cv2.circle(img_copy, (circles[0][i][0], circles[0][i][1]),
circles[0][i][2], (0, 0, 255), 3, cv2.LINE_AA)
            cv2.circle(img_copy, (circles[0][i][0], circles[0][i][1]), 2,
(0, 255, 0), 3, cv2.LINE_AA)                           #绘制检测到的圆形
        cv2.imshow("findCircle", img_copy)
```

霍夫变换是一种特征提取（feature extraction），被广泛应用在图像分析（image analysis）、计算机视觉（computer vision）以及数位影像处理（digital image processing）。霍夫变换是用来辨别找出物件中的特征，例如线条、原型等。

霍夫梯度法原理：

① 对图像进行边缘检测；将图像二值化，得到边缘图像。

② 对图像中每个非零点考虑局部梯度，使用Sobel计算x、y方向的Sobel一阶导数得到梯度；利用得到的梯度，对参数指定的min_radius到max_radius的每一个像素，在累加器中累加，并标记边缘图像中非零像素的位置。

③ 从二维累加器中根据阈值选择候选的中心点，这些中心点按照降序排列，以便找到最支持的像素中心，并对每个中心考虑所有的非零像素。

④ 这些非零像素按照其与中心距离的排序，从最大半径到最小距离算起：选择非零像素最支持的一条半径。

⑤ 对候选中心进行边缘图像非零元素验证和候选中心距离验证。

OpenCV提供了霍夫检测函数HoughLines()和HoughCircles()，分别检测直线和圆。HoughCircles()函数原型如下：

```
HoughCircles(image, method, dp, minDist, circles=None, param1=None,
param2=None, minRadius=None, maxRadius=None)
```

参数说明如下：

- image：8位单通道灰度图像，输入图像。
- circles：检测到圆的列表，三维向量（x,y,r）或者（x,y,r,votes）。
- method：检测算法，现在只有HOUGH_GRADIENT。

- dp: double类型的dp，用来检测圆心的累加器图像的分辨率与输入图像之比的倒数，且此参数允许创建一个比输入图像分辨率低的累加器。
- minDist：圆心到检测到的圆的最小距离。如果太小，多个相邻的圆会重合；如果太大，某些圆不能被检测出来。
- param1：指定的参数，默认值为100，如果算法为HOUGH_GRADIENT，它表明传给canny算子的最大阈值。
- param2：指定的参数，默认值为100，如果算法为HOUGH_GRADIENT,它表示检测阶段圆心的累加器阈值。值越小可以检测到的圆越多；值越大，通过检测的圆就越完美。
- minRadius：默认值为0，表示圆半径的最小值。
- maxRadius：默认值为0，表示圆半径的最大值。

（4）运行程序，注意添加cv2.waitKey(0)，查找得到的圆形轮廓如图8-24所示。

图 8-24　霍夫圆变换查找结果

（5）基于找到的圆做极坐标变换，将文字转换到水平方向。

```
x = circles[0][i][0] - circles[0][i][2]
y = circles[0][i][1] - circles[0][i][2]
w = h = 2 * circles[0][i][2]
center = (circles[0][i][0], circles[0][i][1])
radius = circles[0][i][2]
C = 2 * math.pi * radius
print(C, radius)

ROI = img[y:y + h, x:x + w].copy()
cv2.imshow('ROI', ROI)
trans_center = (center[0] - x, center[1] - y)
```

```
    polarImg = cv2.warpPolar(ROI, (int(radius), int(C)), trans_center,
radius, cv2.INTER_LINEAR + cv2.WARP_POLAR_LINEAR)
    polarImg = cv2.flip(polarImg, 1)                #镜像
    polarImg = cv2.transpose(polarImg)              #转置
    cv2.imshow('polarImg', polarImg)
```

运行程序，结果如图8-25所示。

图 8-25　极坐标变换结果

（6）使用PaddleOCR进行文字识别，然后运行程序查看结果。

```
    ocr = PaddleOCR(use_angle_cls=False, use_gpu=False, lang="ch", show_
log=False)  #此行只能执行一次，用于将模型读取到内存中

    result = ocr.ocr(polarImg, cls=False)

    for idx in range(len(result)):
        res = result[idx]
        for line in res:
            print('----------------------------')
            print(line)
            pt1 = ((int)(line[0][0][0]), (int)(line[0][0][1]))
            pt2 = ((int)(line[0][1][0]), (int)(line[0][1][1]))
            pt3 = ((int)(line[0][2][0]), (int)(line[0][2][1]))
            pt4 = ((int)(line[0][3][0]), (int)(line[0][3][1]))
            cv2.line(polarImg, pt1, pt2, (0, 0, 255), 1, cv2.LINE_AA)
            cv2.line(polarImg, pt2, pt3, (0, 0, 255), 1, cv2.LINE_AA)
            cv2.line(polarImg, pt3, pt4, (0, 0, 255), 1, cv2.LINE_AA)
            cv2.line(polarImg, pt1, pt4, (0, 0, 255), 1, cv2.LINE_AA)
            cv2.putText(polarImg, line[1][0], (pt1[0], pt1[1] + 40), 0,
0.6, (0, 0, 255), 1)

    cv2.imshow('polarImg-OCR', polarImg)
```

（7）极坐标反变换，将包含识别结果的图像还原成圆形。

```
    polarImg = cv2.flip(polarImg, 0)                #镜像
    polarImg = cv2.transpose(polarImg)              #转置
    polarImg_Inv = cv2.warpPolar(polarImg, (w, h), trans_center, radius,
cv2.INTER_LINEAR + cv2.WARP_POLAR_LINEAR + cv2.WARP_INVERSE_MAP)
    cv2.imshow('polarImg_Inv', polarImg_Inv)
```

（8）创建圆形mask图像做copyTo操作，使圆形外部图像与原图保持一致。

```
mask = np.zeros((h,w,1),np.uint8)
  cv2.circle(mask,trans_center,radius-3,(255,255,255),-1, cv2.LINE_AA)
  cv2.imshow('mask', mask)
  ROI = img[y:y+h,x:x+w]
  for i in range(0,ROI.shape[0]):
    for j in range(0, ROI.shape[1]):
      if mask[i,j] > 0:
        ROI[i,j] = polarImg_Inv[i,j]
  cv2.imshow('result', img)
  cv2.waitKey(0)
```

（9）运行程序，最终结果如图8-26所示。

图 8-26　环形文字识别结果

小　结

本章主要介绍了OpenCV中的机器学习库的使用，由于OpenCV自身的机器学习库能力有限，一般可以和第三方库结合使用。本章给出OpenCV和百度飞桨深度学习库结合进行文字识别的案例，从火车票识别、汽车车牌识别到环形文字识别，OpenCV在实际项目中的应用非常广泛。

第9章
深 度 学 习

视 频

◎OpenCV DNN模块概述

◎YoloV8介绍

◎OpenCV与YoloV8的结合

9.1 OpenCV DNN 模块概述

随着人工智能及深度学习视觉技术的快速发展，OpenCV从3.3版本开始引入DNN模块，通过ONNX等格式支持对深度学习模型的加载和推理，并且支持OpenCL加速，非常方便用户使用，后端的推理引擎也支持多种选择。下一个版本OpenCV 5.0 不仅支持常规的图像分类、目标检测、图像分割和风格迁移功能，还引入上百个计算机视觉任务。

OpenCV中的DNN（deep neural network）模块是专门用于实现深度学习预测推理功能的模块，包括目标检测、图像分割任务等。OpenCV可以载入其他深度学习框架（如PaddlePaddle、PyTorch等）训练好的模型，并使用该模型进行预测。

OpenCV的DNN模块主要有以下三点优势：

（1）轻量：由于DNN模块只实现了推理功能，它的代码量、编译运行开销与其他深度学习框架比起来会少很多。

（2）方便：DNN模块提供了内建的CPU和GPU加速且无须依赖第三方库。

（3）通用：DNN模块支持多种网络模型格式，因此用户无须额外进行网络模型的转换就可以直接使用，同时它还支持多种运算设备和操作系统。

OpenCV的深度学习模块支持人脸检测、人脸识别、车牌识别、手势识别、目标追踪、文字识别等计算机视觉任务的深度学习检测方法。

下面以人脸识别模块为例进行介绍，如图9-1所示。

```
facial_expression_recognition
    examples
        selfie.jpg
    README.md
    demo.py
    facial_expression_recognition_mobilefacenet_2022july.onnx
    facial_expression_recognition_mobilefacenet_2022july_int8.onnx
    facial_fer_model.py
```

图 9-1 OpenCV-DNN 人脸识别模块

读者可以自行下载源代码测试结果，代码运行结果如图9-2所示。

图 9-2 OpenCV 大规模人脸识别结果

需要注意的是，需要将OpenCV升级到最新版本。在之前项目安装中，如果出现OpenCV降级的情况，可以用下面的方法升级：

```
pip uninstall opencv-python
pip install opencv-python
```

9.2 第三方深度学习库与 OpenCV 集成

除了OpenCV自身提供的深度学习模型库外，一般的深度学习框架都提供了ONNX（open neural network exchange，开放神经网络交换格式）文件导出程序，可以先将自身模型转成ONNX格式，再由OpenCV的dnn模块读取。

视 频

行人检测1

ONNX是一种针对机器学习所设计的开放式的文件格式，用于存储训练好的模型。它使得不同的人工智能框可以采用相同格式存储模型数据并交互。ONNX的规范及代码主要由微软、亚马逊、Facebook和IBM等公司共同开发，支持加载ONNX模型并进行推理的深度学习框架有：PyTorch、PaddlePaddle、Caffe2、MXNet、ML.NET、TensorRT、Microsoft CNTK和TensorFlow等。

下面以YoloV8为例，给出第三方深度学习库与OpenCV集成的方法。

视 频

行人检测2

Yolo（you look only once）是当前目标检测领域性能最优算法之一，几乎所有的人工智能和计算机视觉领域的开发者都需要用它来开发各行各业的应用。其优势在于又快又准，可实现实时的目标检测。YoloV8是Ultralytics公司于2013年1月10日推出的基于对象检测模型的新版本，它能够提供截至2013年1月最先进的目标检测性能，支持图像分类、物体检测、实例分割和姿态识别等任务。

YoloV8的安装方式较为简单，步骤如下：

```
conda activate opencv4.7
pip install ultralytics
```

安装后，确保切换到一个非中文路径下，这里切换到了D:\yolo文件夹下，运行如下指令，测试安装是否成功：

```
yolo predict model=yolov8n.pt source='https://ultralytics.com/images/
bus.jpg'
```

如果成功的话，可以在D:\yolo\runs\detect\predict目录下得到检测结果。

下面来实现OpenCV与YoloV8集成，具体步骤如下：

（1）打开PyCharm，创建名为chp9的项目。

（2）在项目下创建data文件夹，将bus.jpg复制到该文件夹内。

（3）创建名为yolov8_onnx.py的文件，添加如下代码：

```
from ultralytics import YOLO

#加载模型
model = YOLO("yolov8n.pt")                        #加载预训练模型
model.export(format="onnx", opset=12)             #将模型导出为onnx模式
```

（4）运行程序，生成文件为yolov8n.onnx。

（5）创建名为yolov8_predict.py的Python文件，添加头文件及类定义如下：

```
import argparse

import cv2.dnn
import numpy as np

CLASSES = [

    'person', 'bicycle', 'car', 'motorcycle', 'airplane', 'bus', 'train',
'truck','boat', 'traffic light', 'fire hydrant', 'stop sign', 'parking meter',
'bench','bird', 'cat', 'dog', 'horse', 'sheep', 'cow', 'elephant', 'bear',
```

```
'zebra','giraffe', 'backpack', 'umbrella', 'handbag', 'tie', 'suitcase',
'frisbee', 'skis','snowboard', 'sports ball', 'kite', 'baseball bat', 'baseball
glove', 'skateboard','surfboard', 'tennis racket', 'bottle', 'wine glass', 'cup',
'fork', 'knife', 'spoon','bowl', 'banana', 'apple', 'sandwich', 'orange',
'broccoli', 'carrot', 'hot dog','pizza', 'donut', 'cake', 'chair', 'couch',
'potted plant', 'bed', 'dining table','toilet', 'tv', 'laptop', 'mouse',
'remote', 'keyboard', 'cell phone', 'microwave','oven', 'toaster', 'sink',
'refrigerator', 'book', 'clock', 'vase', 'scissors','teddy bear', 'hair
drier', 'toothbrush'
   ]
```

其中coco128.yaml在YoloV8的安装包内，以作者文件夹为例，位于D:\DevTools\anaconda\envs\opencv4.7\Lib\site-packages\ultralytics\datasets内，主要定义了数据集中各个待测物体类别，如图9-3所示。

图 9-3 coco128.yaml 文件内容

关于深度学习的数据标注、数据集格式和模型训练等内容，读者可以参阅深度学习相关教材，本书只介绍OpenCV和深度学习库结合这一工程项目上流行的做法。

（6）定义目标检测矩形框绘制函数，代码如下：

```
    def draw_bounding_box(img, class_id, confidence, x, y, x_plus_w, y_plus_h):
        label = f'{CLASSES[class_id]} ({confidence:.2f})'
        color = colors[class_id]
        cv2.rectangle(img, (x, y), (x_plus_w, y_plus_h), color, 2)
        cv2.putText(img, label, (x-10, y-10), cv2.FONT_HERSHEY_SIMPLEX,
0.5, color, 2)
```

（7）定义OpenCV DNN目标检测主函数，代码如下：

```
    def main(onnx_model, input_image):
        model: cv2.dnn.Net = cv2.dnn.readNetFromONNX(onnx_model)
        original_image: np.ndarray = cv2.imread(input_image)
```

```
    [height, width, _] = original_image.shape
    length = max((height, width))
    image = np.zeros((length, length, 3), np.uint8)
    image[0:height, 0:width] = original_image
    scale = length / 640

    blob = cv2.dnn.blobFromImage(image, scalefactor=1 / 255, size=(640,
640), swapRB=True)
    model.setInput(blob)
    outputs = model.forward()

    outputs = np.array([cv2.transpose(outputs[0])])
    rows = outputs.shape[1]

    boxes = []
    scores = []
    class_ids = []

    for i in range(rows):
        classes_scores = outputs[0][i][4:]
        (minScore, maxScore, minClassLoc, (x, maxClassIndex)) = cv2.
minMaxLoc(classes_scores)
        if maxScore >= 0.25:
            box = [outputs[0][i][0] - (0.5 * outputs[0][i][2]), outputs[0][i][1] -
(0.5 * outputs[0][i][3]), outputs[0][i][2], outputs[0][i][3]]
            boxes.append(box)
            scores.append(maxScore)
            class_ids.append(maxClassIndex)

    result_boxes = cv2.dnn.NMSBoxes(boxes, scores, 0.25, 0.45, 0.5)

    detections = []
    for i in range(len(result_boxes)):
        index = result_boxes[i]
        box = boxes[index]
        detection = {
            'class_id': class_ids[index],
            'class_name': CLASSES[class_ids[index]],
            'confidence': scores[index],
            'box': box,
            'scale': scale}
        detections.append(detection)
        draw_bounding_box(original_image, class_ids[index], scores[index],
                          round(box[0] * scale), round(box[1] * scale),
                          round((box[0] + box[2]) * scale),
                          round((box[1] + box[3]) * scale))

    cv2.imshow('image', original_image)
    cv2.waitKey(0)
```

```
        cv2.destroyAllWindows()

        return detections
```

（8）定义运行参数，代码如下：

```
    if __name__ == '__main__':
        parser = argparse.ArgumentParser()
        parser.add_argument('--model', default='yolov8n.onnx', help='Input
your onnx model.')
        parser.add_argument('--img', default='data/bus.jpg', help='Path
to input image.')
        args = parser.parse_args()
        main(args.model, args.img)
```

（9）运行程序，检测结果如图9-4所示。

图 9-4　OpenCV+YoloV8 检测结果

在此基础上，可以进一步完成实时视频检测。结合本书之前所述内容，读者可以自行完成。

小　结

本章介绍了OpenCV深度学习DNN模块的使用方法，并给出了当前工业上使用最为广泛的Yolo框架与OpenCV结合的方法。

OpenCV历经20多年发展，已成为计算机视觉中最为活跃的算法库，这里对OpenCV知识体系总结如下：

1. 基础模块

OpenCV中有core、highgui、imgproc三个基础模块。

（1）core模块：实现最核心的数据结构及其基本运算，如绘图函数、数组操作相关函数等。

（2）highgui模块：是视频与图像的读取、显示、存储等接口。

（3）imgproc 模块：实现图像处理的基础方法，包括图像滤波、图像的几何变换、平滑、阈值分割、形态学处理、边缘检测、目标检测、运行分析和对象跟踪等。

2. 图像处理更高层次的模块

（1）features2d模块：用于提取图像特征以及进行特征匹配，nonfree模块还有一些专利算法，是收费的，如sift特征。

（2）objdetect模块：实现一些目标检测功能，经典的基于Haar、LBP特征的人脸检测，基于HOG的行人、汽车等目标检测，分类器使用Cascade Classification级联分类和Latent SVM等级联检测器。

（3）stitching模块：实现图像拼接功能。当要使用全景图片时，对目标进行部分拍照，拍完照片后要进行拼接实现全景效果。这种技术在遥感影像中使用的比较多。

（4）FLANN模块：FLANN（fast library for approximate nearest neighbors，快速近似最近邻搜索）和聚类Clustering算法。

（5）ml模块：机器学习模块，包括svm、决策树、Boosting等。

（6）photo模块：包括图像修复和图像去噪两部分。

（7）video模块：针对视频处理，如背景分离、前景检测、对象跟踪等。

（8）calib3d模块：就是Calibration（校准）3D，该模块主要是相机校准和三维重建相关的内容。包含了基本的多视角几何算法、单个立体摄像头标定、物体姿态估计、立体相似性算法、3D信息的重建等。

（9）G-API模块：包含超高效的图像处理pipeline引擎。

（10）DNN模块：随着计算机视觉的流行，OpenCV专门开发了DNN模块来实现深度神经网络相关的功能；OpenCV无法训练模型，但它支持载入其他深度学习框架训练好的模型，并使用该模型进行预测推理；OpenCV在载入模型时会使用 DNN模块对模型进行重写，使得模型运行效率更高。

参 考 文 献

[1] 王飞. 智能交通中数字图像处理技术的运用[J]. 科技风, 2022(25): 4-6.

[2] 李基臣, 亓玉龙, 胡海瑞, 等. 数字图像处理技术在医学影像中的研究与应用[J]. 电子技术与软件工程, 2022(9): 194-197.

[3] 马红强. 探讨计算机图像处理技术的发展趋势与展望[J]. 电子元器件与信息技术, 2019,3(8): 115-117.

[4] QI Y, YANG Z, SUN W, et al. A comprehensive overview of image enhancement techniques[J]. Archives of Computational Methods in engineering: Stafe of the reviews, 2022(1): 29

[5] 刘俊丽. 数学形态学在数字图像处理中的应用[J]. 集成电路应用, 2022, 39(8): 75-77.

[6] ZHOU R Y, ARUN S, DANIEL D, et al. Effects of image quality on the accuracy human pose estimation and detection of eye lid opening/closing using openpose and DLib[J]. Journal of Imaging, 2022, 8(12): 330-330.

[7] 刘德发. 基于MediaPipe的数字手势识别[J]. 电子制作, 2022, 30(14): 5

[8] 仇建民. 开源PaddleOCR技术在企业营业执照识别上的改进与实践[J]. 现代信息科技, 2021, 5(9): 65-69.

[9] 于洋, 刘春艳, 崔艳群. 基于卷积神经网络的手写数字识别方法研究[J]. 信息与电脑(理论版), 2022, 34(17): 171-173.

[10] KRIZHEVSKY A, SUTSKEVER I, HINTON E G. ImageNet classification with deep convolutional neural networks[J].Communications of the ACM, 2017, 60(6): 84-90.

[11] 高昂, 梁兴柱, 夏晨星, 等. 一种改进YOLOv8的密集行人检测算法[J]. 图学学报, 2023, 44(5): 890-898.